C语言项目化教程

刘　慧　祝凌云　王晓艳　主编

房　玮　谭　娟　赵晓静　王兴刚　副主编

中国农业出版社

北　京

图书在版编目（CIP）数据

C语言项目化教程／刘慧，祝凌云，王晓艳主编. —
北京：中国农业出版社，2019.9
ISBN 978-7-109-25928-7

Ⅰ. ①C⋯ Ⅱ. ①刘⋯ ②祝⋯ ③王⋯ Ⅲ. ①C语言-
程序设计-教材 Ⅳ. ①TP312.8

中国版本图书馆 CIP 数据核字（2019）第 206421 号

中国农业出版社出版
地址：北京市朝阳区麦子店街 18 号楼
邮编：100125
责任编辑：赵　刚
版式设计：杜　然　　责任校对：沙凯霖
印刷：北京大汉方圆数字文化传媒有限公司
版次：2019 年 9 月第 1 版
印次：2019 年 9 月北京第 1 次印刷
发行：新华书店北京发行所
开本：700mm×1000mm　1/16
印张：19.25
字数：360 千字
定价：58.00 元

目　　录

项目一　Hello World!
——C 语言入门

● **教学目标**

➢ 了解 C 语言的背景及其特点；

➢ 掌握 C 语言程序的格式和程序结构；

➢ 理解 C 语言程序设计的风格。

1.1　项目描述

用 C 语言编写一个程序，当输入你的姓名（如"李明"）时，在屏幕上输出问候语（如"Hello 李明!"）。

运行结果：

请输入你的姓名：
李明
Hello 李明!

1.2　相关知识

1.2.1　计算机语言

自世界上第一台电子计算机出现以来，人类的生活发生了巨大的改变。用计算机可以帮助人类完成多种工作，但计算机并不是天生就能自动工作的，它是由程序控制的，而程序是由人们按照需求事先编好的，输入计算机，计算机执行程序完成相应的工作。

人们编写的程序什么样呢？和我们日常交流的语言一样吗？计算机是读不懂我们人类的语言的，它只能识别二进制信息。计算机的世界只有 0 和 1。所以人与计算机沟通必须使用计算机语言。计算机语言是人与计算机之间传递信息的媒介。计算机语言有自己的数字、字符和语法规则，由这些字符和语法规则组成计算机各种指令（或各种语句），这些指令会使计算机进行各种工作。

根据发展阶段，计算机语言可分为三大类：机器语言、汇编语言和高级语言。

1. 机器语言

由代码"0"和"1"组成，能被计算机直接识别，是不需要翻译的计算机语言。机器语言紧密依赖于计算机的硬件，不同型号的计算机的机器语言是不相同的。由于使用的是针对特定型号计算机的语言，故而运算效率是所有语言中最高的。但用机器语言写程序难学、难记、难写、难修改、难维护。机器语言，是第一代计算机语言。

2. 汇编语言

为了克服机器语言编写程序的困难和缺点，人们发明了汇编语言。用一些特定的"助记符"代替 0 和 1 来表示指令，如"ADD A，B"就是一条执行加法的汇编指令。用汇编语言编写的程序比机器语言程序易读、易检查、易修改。然而计算机是不认识这些符号的，这就需要一个专门的程序，专门负责将这些符号翻译成二进制数的机器语言，这种翻译程序被称为汇编程序。

汇编语言和机器语言基本上是一一对应的，只是改进了表示方法，同机器语言一样，用汇编语言写的程序十分依赖于机器硬件，移植性不好，但效率仍十分高，针对计算机特定硬件而编制的汇编语言程序，能准确发挥计算机硬件的功能和特长，程序精炼而质量高，所以至今仍是一种常用而强有力的软件开发工具。汇编语言，是第二代计算机语言。

机器语言和汇编语言都是面向机器的语言，都称为低级语言。

3. 高级语言

为了更好、更方便地进行程序设计工作，20 世纪 50 年代出现了高级语言，它更接近于人类的自然语言，更接近于人类的思维逻辑习惯，如用 read 表示读数据，用 write 表示写数据，用 printf 表示打印函数。所以，用高级语言编写计算机程序，直观易学、易理解、易修改、易维护、易推广、通用性强（不同型号计算机之间通用）。

和汇编语言相比，它不但将许多相关的机器指令合成为单条指令并且去掉了与具体操作有关但与完成工作无关的细节，例如使用堆栈、寄存器等，这样就大大简化了程序中的指令。由于省略了很多细节，所以编程者也不需要具备太多的专业知识。高级语言主要是相对于汇编语言而言，它并不是特指某一种具体的语言，而是包括了很多编程语言，目前已有几百种高级语言问世，如 Fortran、Pascal、C、Basic、C++、Java 等。用高级语言编写的程序称为源程序，源程序与具体的计算机硬件无关，可以运行在不同的机型上，具有通用性。

显然，用高级语言编写的源程序，计算机是不能直接识别和执行的，使用前需要先把高级语言程序翻译成机器语言程序，我们把完成翻译工作的程序称为语言处理程序。

根据翻译方式的不同将语言处理程序分两类：解释程序和编译程序。

（1）解释程序。解释程序对源程序中的语句逐条解释并执行，最后得出结果，即一边翻译，一边执行，不产生目标程序。

（2）编译程序。编译程序是翻译程序，工作过程是先编译，即把用高级语言编写的源程序翻译成用机器语言表示的目标程序，然后经过连接程序生成可执行程序。多数情况下，建立在编译基础上的系统在执行速度上都优于建立在解释基础上的系统。但是，编译程序比较复杂，这使得开发和维护的费用较高，相反，解释程序比较简单，可移植性也好，缺点是执行速度慢。

1.2.2　C 语言特点

C 语言是国际上广泛流行的计算机高级语言。它适合作为系统描述语言，既可以用于编写系统软件，又可以用于编写应用软件。

C 语言的主要特点如下：

（1）语言简洁、紧凑，使用方便、灵活。C 语言一共有 37 个关键字、9 种控制语句、程序书写形式自由，主要用小写字母表示，压缩了一切不必要的成分。

（2）运算符丰富。C 语言的运算符包括范围广泛，共有 34 种运算符。C 语言把括号、赋值、逗号、强制类型转换等都作为运算符处理，因此 C 语言的运算类型极其丰富，表达式类型多样化。

（3）数据类型丰富。C 语言提供的数据类型包括：整型、浮点型、字符型、数组类型、指针类型、结构体类型、布尔类型和共用体类型等。尤其是指针类型数据，使用灵活多样，能用来实现链表、树、栈等各种复杂的数据结构。

（4）具有结构化的控制语句。C 语言是一门结构化语言，if…else 语句、while 语句、do…while 语句、switch 语句和 for 语句等都是结构化语句。C 语言用函数作为程序的模块单位，便于实现程序的模块化设计。

（5）语法限制不太严格，程序设计自由度大。C 语言对变量的类型使用比较灵活，例如，整型数据、字符型数据与逻辑型数据都可以通用。C 语言放宽了语法检查，允许程序编写者有较大的自由度。

（6）C 语言允许直接访问物理地址。C 语言能进行位（bit）操作，能实现汇编语言的大部分功能，可以直接对硬件进行操作。C 语言既具有高级语言的功能又具有低级语言的功能，可以用来编写系统软件。所以 C 语言既是通用的程序设计语言，又是成功的系统描述语言。

（7）生成目标代码质量高，程序执行效率高。C 语言程序比其他高级语言执行效率高，它只比汇编程序生成的目标代码效率低 10%~20%。

（8）用 C 语言写的程序可移植性好。由于 C 语言的编译系统很简洁，所以很容易移植到新的系统，而且 C 的编译系统在新的系统上运行时，可以直接编译"标准链接库"中的大部分功能，不需要修改源代码，因为标准链接库是用可移植的 C 语言编写的。几乎在所有的计算机系统中都可以使用 C 语言。

1.2.3　最简单的 C 程序

【例 1.1】在屏幕上输出"Hello world!"。
程序代码如下：

```
#include < stdio. h >              //编译预处理指令
int main ( )                       //定义主函数
{                                  //函数开始的标志
    printf ("Hello world! \ n");   //输出指定的信息
    return 0;
}                                  //函数结束的标志
```

运行结果如下：

Hello world!

1.2.4　运行 C 程序的步骤与方法

编写好一个 C 语言的源程序后，如何在计算机上运行呢？一般要经历四个步骤：

1. 编辑

编辑就是用 C 语言写出源程序。方法有两种：一种可以使用文本编辑程序将源程序输入计算机，经确认无误后，以 . c 为后缀存入文件系统中；另一种可以使用 C 语言编译系统提供的编辑器将源程序输入计算机，并且存入文件系统中。

2. 编译

编译就是把用高级语言编写的源程序由编译程序翻译成计算机可以识别的二进制语言程序。编译程序把一个源程序翻译成目标程序的工作过程分为五个阶段：词法分析；语法分析；语义检查和中间代码生成；代码优化；目标代码生成。主要是进行词法分析和语法分析，又称为源程序分析，分析过程中发现有语法错误，给出提示信息。用户根据指出的错误信息，对源程序进行编辑修改，再重新编译，直到编译无误为止。编译后生成的二进制语言程序称为目标程序，此目标程序名与源程序同名，但后缀为 .obj。

3. 连接

编译生成的目标文件一般不能供计算机直接运行，因为一个程序可能包含若干个源程序文件，而编译是以源程序文件为单位进行的，得到的也仅仅是一个与源程序文件对应的目标程序文件，它可能仅仅是整个程序的一部分，必须把所有的编译后得到的目标文件连接起来，再与函数库连接装配成一个可供计算机直接执行的可执行程序才行。可执行程序的扩展名为 .exe。

4. 运行

运行可执行程序，得到结果。

以上过程如图 1-1 所示。

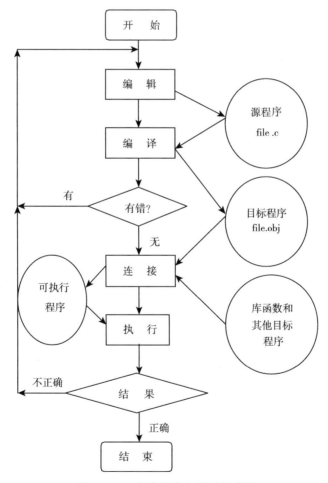

图 1-1 C 语言程序上机运行步骤

1.3　项目分析与实现

用 C 语言编写一个程序，当输入你的姓名（如"李明"）时，在屏幕上输出问候语（如"Hello 李明!"）。

1.3.1　算法分析

本项目需要先输入，后输出。

1.3.2　项目实现

源代码：

```
#include < stdio. h >
int main（ ）
{
    char name［10］;                  //定义数组变量 name，存放姓名
    printf（"请输入你的姓名：\ n"）;   //使用 printf 函数输出提示文字
    scanf（"%s"，name）;              //使用 scanf 函数输入姓名
    printf（"Hello %s! \ n"，name）;  //使用 printf 函数输出问候语
    return 0;
}
```

运行结果：

```
请输入你的姓名：
李明
Hello 李明!
```

1.4　知识拓展

1.4.1　C 语言的发展历史

C 语言是国际上广泛流行的计算机高级语言之一，它集高级语言和低级语言的功能于一体，既适合作系统描述语言，也可用来作应用程序开发语言。

C 语言是在 B 语言的基础上发展起来的。在 20 世纪 60 年代，BCPL 语言是计算机软件人员在开发系统软件时，作为记述语言使用的一种程序语言，1970 年，美国贝尔实验室的 Ken Thompson 在软件开发工作中，继承和发展了 BCPL 语言的特点，设计出一种既简单又接近于硬件的 B 语言，并用它编写了第一个 UNIX 操作系统。但 B 语言过于简单，功能有限。1972—1973 年，美国

贝尔实验室的 Dennis M. Ritchie 在 B 语言的基础上设计出了 C 语言。开发 C 语言的目的在于尽可能降低用它所写的软件对硬件平台的依赖程度,使之具有可移植性。C 语言既保持了 BCPL 和 B 语言精练且接近硬件的优点,又克服了它们过于简单、无数据类型等缺点,C 语言的新特点主要是具有多种数据类型。

早期的 C 语言主要用于 UNIX 系统。随着 UNIX 的日益广泛使用,C 语言经过多次改进,迅速得到了推广。1978 年以后,C 语言先后移植到大、中、小和微型计算机上。C 语言很快风靡全世界,称为世界上应用最广泛的高级程序设计语言。

1978 年,贝尔实验室的 B. W. Kernighan 和 D. M. Ritchie (简称 K&R) 合著了影响深远的《The C Programming Language》一书,建立了所谓的 C 语言 K&R 标准,称为标准 C。1983 年,美国国家标准化协会根据 C 语言的各种版本对 C 的发展和扩充,制定了一个新的标准,称为 ANSI C。1987 年,ANSI 又公布了 87 ANSI C 新标准,1990 年,国际标准化组织 ISO 接受 C89 为 ISO C 标准(ISO 9899:1990)。目前流行的 C 语言的编译系统都是在 C89 的基础上扩充的。

1995 年,ISO 对 C90 做了一些修订,即 "1995 基准增补 1 (ISO/IEC9899/AMDI:1995)"。1999 年,ISO 又对 C 语言标准进行修订,在基本保留原来的 C 语言的基础上,针对应用的需要增加了一些功能,尤其是 C++ 中的一些功能,命名为 ISO/IEC9899:1999。2001 年和 2004 年先后进行了两次技术修正,即 2001 年的 TC1 和 2004 年的 TC2。ISO/IEC9899:1999 及其技术修正被称为 C99,C99 是 C98 (及 1995 基准增补 1) 的扩充。C99 于 2000 年 3 月被 ANSI 采用。

1.4.2 复杂的 C 程序

【例 1.2】求两整数之和。

程序代码如下:

```
#include < stdio. h >          //编译预处理指令
int main ( )                   //定义主函数
{                              //函数的开始
    int a, b, sum;             //定义变量 a, b, sum
    a = 123;                   //对变量 a 赋值
    b = 345;                   //对变量 b 赋值
    sum = a + b;               //进行求和运算,并把结果赋给变量 sum
    printf ("sum is % d \ n", sum);   //输出结果
    return 0;                  //函数返回值为 0
}                              //函数的结束
```

运行结果:

Sum is 468

程序的功能是求两整数之和。

程序的第一行是编译预处理指令。程序中如果使用库函数中的输入输出函数，编译系统要求程序提供有关此函数的信息，#include < stdio. h > 的作用就是用来提供这些信息的。stdio. h 是系统提供的一个文件名，stdio 是 "standard input&output" 的缩写，文件后缀 . h 代表头文件（header file），因为这些文件都是放在程序个文件模块的开头的。输入输出函数的相关信息已事先放在头文件 stdio. h 文件中。该指令用#include 将这些信息调入供使用。由预处理得到的结果与程序其他部分一起，组成一个完整的、可以用来编译的最后的源程序，然后由编译程序对源程序正式进行编译，才得到目标程序。编译预处理命令还有很多种，它们都是以 "#" 开头的，并且不用分号结束，所以不是 C 程序中的语句。

//是注释部分。C 语言允许使用的注释方式有两种：//和/ * …… * /。以//开头进行单行注释，注释文字可以延续到行尾，如果一行内写不下，可以在下一行重新使用//开头继续写注释；以/ * 开始，以 * /结束的是块式注释，这样的注释不但可以出现在行尾，也可以出现在一行中的其他位置，还可以跨越多行。编译系统在发现一个/ * 后，会开始找注释结束符 * /，把二者间的内容作为注释。在写 C 程序时，应多用注释，以方便自己和他人理解程序各部分的作用。程序在被编译时，注释部分不会产生目标代码，注释对运行不起作用。

程序第二行表示定义主函数。整型（int）为主函数返回值的类型。

程序第四行是声明部分，定义变量 a，b，sum 为整型（int）变量。变量 a，b 分别用来存放两个整数，变量 sum 用来存放两整数的和。

程序第五行和第六行分别给变量 a 和 b 赋整数值，即将整数值 123 和 345 存放在变量 a 和变量 b 中。

程序第七行将 a 和 b 相加的结果赋给变量 sum，即将 123 加 345 的结果放在变量 sum 中。

程序第八行将结果输出，printf 是输出函数，此处函数有两个参数，一个是双引号中的内容 sum is % d \ n，它是输出格式字符串，作用是输出用户希望输出的字符串和输出的格式。其中 sum is 是用户希望输出的字符，% d 是指定的输出格式，d 表示以 "十进制整数" 形式输出。圆括号内第 2 个参数 sum，表示要输出变量 sum 的值。在执行 printf 函数时，将 sum 变量的值取代% d，此程序中 sum 的值是 468，所以输出结果是 "sum is 468"，\ n 是换行符。

本程序正常运行和结束，函数 main 的返回值为 0。

【例 1.3】输入一个 x 的值，计算 x 的正切值。

程序代码如下:

```
#include < stdio. h >
#include < math. h >                           //math. h 是包含数学函数的头文件
int main （ ）
{
    float x;                                   //定义实型变量 x
    printf （"请输入 x 的值:"）;
    scanf （"% f", &x);                        //调用 scanf （ ） 函数, 输入 x 的值
    x = (3. 14159 * x)/180;                    //将数值 x 转换为对应的弧度
    printf （"tan （% f) = % f \ n", x, tan （x));  //调用 printf （ ） 函数计算 tan （x) 的值
    return 0;
}
```

运行结果:

```
请输入 x 的值:
50
tan （50） = 1. 191752
```

【例 1.4】 输入两个数, 输出其中较大者。

程序代码如下:

```
#include < stdio. h >
int main （ ）
{
    int max （int x, int y);           //对被调用的函数 max 进行声明
    int a, b, c;                       //定义变量 a, b, c
    scanf （"% d% d", &a, &b);         //输入变量 a 和 b 的值
    c = max （a, b);                    //调用 max 函数, 将得到的值赋给 c
    printf （"max = % d \ n", c);       //输出 c 的值
    return 0;
}
int max （int x, int y)                //定义 max 函数, 函数值为整型, 形式参数 x 和 y 为整型
{
    int z;                             //max 函数中声明部分, 定义本函数中使用的整型变量 z
    if （x > y)
        z = x;                         //若 x > y 成立, 将 x 的值赋给变量 z
    else
        z = y;                         //否则 （即 x > y 不成立), 将 y 的值赋给变量 z
    return （z);                        //将 z 的值作为 max 函数值, 返回到调用 max 函数的位置
}
```

运行结果：

```
9，4
Max＝9
```

本程序包括两个函数：主函数 main 和被调用的函数 max。

max 函数的作用是比较两个整型变量的值的大小，将较大的值赋给变量 z，通过 return 语句将 z 的值返回给调用 max 函数的主调函数，在这里是 main。带回的函数值通过语句 c＝max（a，b）；赋给了变量 c。

程序第五行是对被调用函数 max 的声明。

由以上示例可以看出 C 源程序的结构特点：

（1）一个程序由一个或多个源程序文件组成。一个规模较小的程序一般只包括一个源程序文件，例 1.1、例 1.2 和例 1.3 只包含一个 main 函数，例 1.4 包含 main 函数和 max 函数两个函数，但它们都是只有一个源程序文件。一个源程序文件包括三部分：预处理命令、全局声明和函数定义。

（2）函数是 C 程序的主要组成部分，一个 C 程序至少包含一个 main 函数，或者包含一个 main 函数和若干个用户自定义函数。函数是 C 程序的基本单位，相当于其他语言的子程序或过程。

C 语言的函数可以分为系统函数和用户自定义函数两大类。系统函数即系统提供的标准函数（库函数），如 printf（）函数和 scanf（）函数，用户自定义函数如 max（）函数

（3）一个函数由两部分组成，即函数首部和函数体。

函数首部

{

函数体；

}

函数的首部，即函数的第一行，包括函数名、函数类型、函数属性、函数参数（形式参数）名、参数类型。

例如，例 1.4 中的 max 函数的首部为

int   max   （int   x ， int   y）

函数类型 函数名 函数参数类型 函数参数名 函数参数类型 函数参数名

一个函数名后面必须有一对圆括号，括号内写函数参数类型和函数参数名，如果函数没有参数，可以在括号内写 void，也可以是空括号。

例如，int main（void） 或 int main（ ）

函数体包括声明部分和执行部分。声明部分包括定义本函数中所用到的变量和本函数中所调用的函数。执行部分由若干语句组成，指定在函数中所进行

的操作。

在某些情况下可以没有声明部分，甚至也可以没有执行部分。如：

void main （ ）

{ }

这是一个空函数，什么也不做，但这是合法的。

（4）程序总是从 main 函数开始执行，到 main 函数结束终止执行，不论 main 函数在程序中的位置如何。

（5）程序中对计算机的操作是由函数中的 C 语句完成的。C 程序的书写格式是很自由的，一行内可以写几个语句，一个语句也可以分写在多行上。

（6）每个数据声明和语句的最后必须有一个分号，即语句是由分号结束的。

（7）C 语言的输入输出是通过输入输出函数实现的。输入和输出的操作由库函数 scanf 和 printf 等来完成。C 语言对输入与输出实行"函数化"。

（8）C 程序中有一部分是保留字和标识符。以上示例中 include，int，return 等都是保留字，保留字即 C 语言中已有的具有特殊含义的字符符号。这些保留字不能用于其他目的。

标识符就是程序设计人员自己定义的表达一定含义的字符符号，如函数名、变量名、常量名等。

（9）从书写清晰，便于阅读、理解和维护的角度出发，在 C 语言程序书写时应注意以下 4 个方面：①尽量一行一条语句，使程序简洁。②编写 C 语言代码一般使用小写字母，符号常量等一些特殊表示用大写字母。③注意代码的缩进，使程序有层次感。④程序书写时应当包含注释，以增加程序的可读性。

1.4.3　VC++开发环境

1. Microsoft Visual C++6.0 简介

为便于程序的编写、调试和运行，目前计算机语言系统通常以集成开发环境（Intergrated Development Environment，简称 IDE）的形式提供给用户，IDE系统一般采用窗口菜单技术，提供了专供编程用的编程环境，通过菜单方式提供编译、连接、以及启动可执行程序的命令。利用 IDE 编写程序，会使开发过程中的各种工作都变得很方便，从而提高编程效率。

Visual C++是 Microsoft 公司的 Visual Studio 开发工具箱中的一个 C++程序开发包。Visual Studio 提供了一整套开发 Internet 和 Windows 应用程序的工具，包括 Visual C++、Visual Basic、Visual FoxPro、Visual InterDev、Visual J++以及其他辅助工具，如代码管理工具 Visual SourceSafe 和联机帮助系统

MSDN。Visual C++包中除包括 C++编译器外，还包括所有的库、例子和创建 Windows 应用程序所需要的文档。Visual C++兼容 C 语言程序，是目前国内比较流行的一种 C 语言源程序编译系统，使用该系统可以直接编辑和运行 C 语言源程序和 C++源程序，全国计算机等级二级考试使用 Visual C++作为考试环境，所以本书选择使用 Visual C++作为 C 语言的编程环境。

2. 用 Visual C++6.0 运行第一个 C 程序

用 Visual C++6.0 创建的 C 语言程序被存储为一个独立的工程，每个工程会新建一个文件夹，工程中包含一组文件，其中的部分文件是由 Visual C++6.0 自动创建的，这组文件组合在一起构成了一个完整的应用程序（也可以建立一个单独的源程序文件。对于简单的 C 语言程序，一般创建一个文件就可以）。下面以创建项目"Hello word!"为例，简单介绍在 Visual C++6.0 中如何运行一个 C 语言程序。主要步骤有创建工程、新建源文件、编辑源文件、调试运行程序。

点击"开始"→"所有程序"→Microsoft Visual C++6.0→Microsoft Visual C++6.0 进入 Microsoft Visual C++6.0 集成开发环境。

（1）创建工程

点击"文件"→"新建"，弹出如图 1-2 所示对话框。

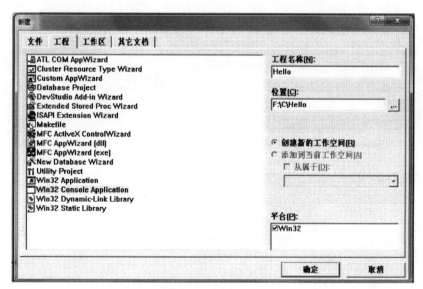

图 1-2 新建工程

选择"Win32 Console Application"（控制台应用程序），在右侧文本框中命名工程"Hello"，然后选择工程保存的文件夹 F：\ C。点击"确定"按钮，弹出如图 1-3 所示对话框。

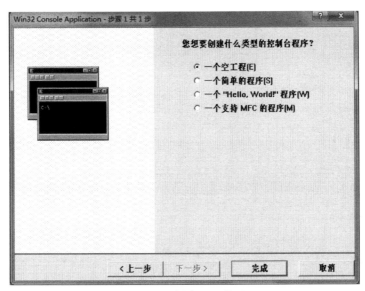

图 1-3 创建工程类型

选中一个空工程，点击"完成"按钮，弹出显示新建工程信息对话框，如图 1-4 所示对话框。

图 1-4 新建工程信息

（2）建立一个源程序文件

点击"文件"→"新建"，弹出如图1-5所示对话框。

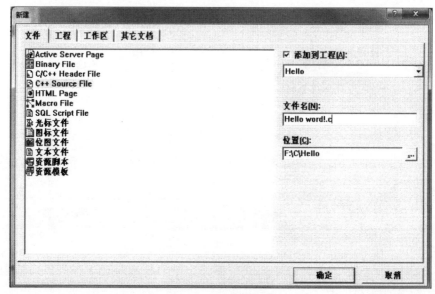

图1-5　新建源文件

建立源程序文件，选择"C++Source File"，命名源程序文件名称"Hello word! .c"，勾选"添加到工程"，点击"确定"后，弹出如图1-6编辑窗口。

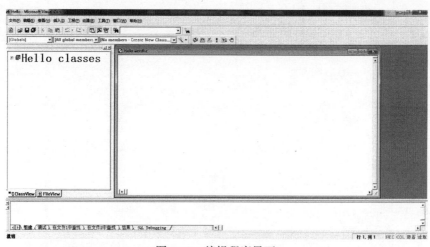

图1-6　编辑程序界面

注意：在默认情况下，文件名的扩展名为.cpp，所以此处需要在文件名中输入后缀.c。

（3）编辑源程序文件

在图 1-6 中的编辑区，编写 C 语言程序代码，如图 1-7 所示。

图 1-7　编写 C 语言程序 Hello world!

创建完成，点击工具栏"保存"按钮或点击"文件"→"保存"命令保存源程序文件。

（4）调试运行源程序

①编译。程序编辑完成后，要进行编译，选择"组建"→"编译"或按下"Ctrl + F7"，如图 1-8 所示，即可编译在编辑区中打开的源程序文件，生成一个扩展名为 .obj 的目标文件。

图 1-8　编　译

编译结果将显示在下面的状态输出窗口中，如图 1 - 9 所示。若在编辑过程中出现语法错误，则在状态输出窗口显示出产生错误的程序运行行号和错误原因，以便用户重新回到编辑窗口修改错误。修改源程序后，要重新保存源程序文件，再次进行编译。

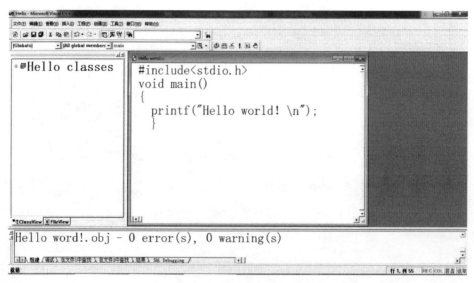

图 1-9　编译结果

编译时检查出的错误可分为两类：一类为严重错误（error），称为致命错误，用户必须修改它，否则不能进一步向下处理；另一类为警告错误（warning），它不影响进入下一步处理过程，但最好处理修改掉，以避免后期再出现任何错误。

编译完成后，在状态输出窗口中显示各类错误的个数，若不出现任何错误，则显示出 "0 error（s），0 warning（s）" 信息。

②连接。连接程序文件就是将一个程序中的主目标文件与其他目标文件和相关的库函数文件连接起来形成一个可执行文件。

编译后，就可以对程序进行连接了。点击 "组建" → "组建" 或按下 "F7"，如图 1 - 10 所示，即可完成程序的连接，连接成功将生成一个扩展名为 .exe 的可执行文件。

若连接过程中没有发现任何错误，则表示连接成功，在状态信息输出窗口显示 "0 error（s），0 warning（s）" 信息，若连接过程中发现有错误，则将在状态信息输出窗口显示发生错误的文件、所在的行号和出错原因。应根据这些信息修改有关程序文件中的错误，然后重新进行编译和连接。

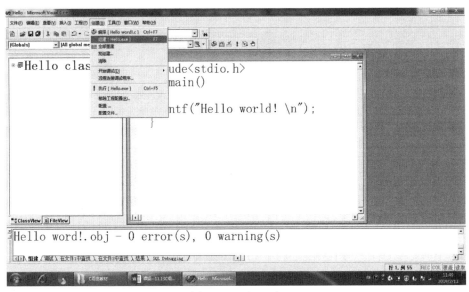

图 1-10 组 建

③运行。点击"组建"→"执行"或按下"Ctrl + F5",如图 1-11 所示,即可运行该程序,运行界面如图 1-12 所示,提示是否建立文件的对话框,点击"是"按钮,就会出现如图 1-13 所示的程序运行结果界面。

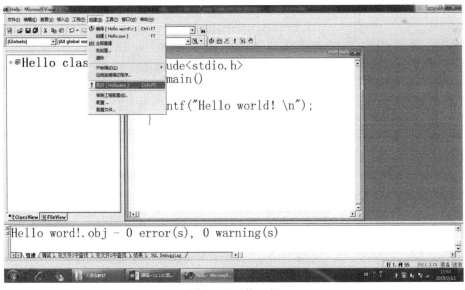

图 1-11 执 行

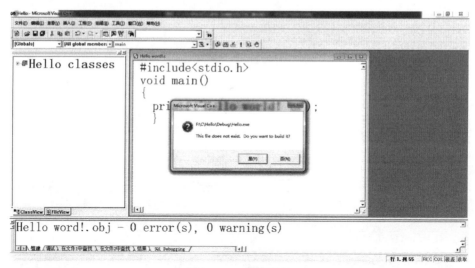

图 1-12　运行界面

图 1-13　运行结果界面

查看完输出结果后,根据提示按任意键则屏幕返回源程序窗口。

执行结束后,点击"文件"→"关闭工作空间",关闭该工程;否则,在新建源程序时,一个程序中会出现两个 main 函数,这是不允许的。

编译、连接和执行操作都可以通过工具栏按钮完成,如图 1-14 所示。

图 1-14　工具栏按钮

1.4.4　程序开发的过程

编写和运行一个简单的程序,按照上节中介绍的步骤就可以实现,但实际应用中遇到的问题还要复杂很多,需要考虑和处理的问题也复杂得多。从确定任务到得到结果、写出文档的全过程称为程序设计。

程序设计往往要经过以下六个阶段:

（1）分析问题。即分析问题需求，对接手的问题，研究给定的条件，弄清有哪些已知的数据，还需要输入哪些数据，分析最后应达到的目标，需要输出的结果是什么，找出解决问题的规律，选择解题的方法，在这个过程也是一个将问题抽象化的过程，比如用数学式子表达问题，即建模。

（2）设计算法。设计解题的方法和具体步骤，即设计解题方案，对同一个问题可能有不同的方案，效率也不同。一般用流程图来表示解题的步骤。

（3）编写程序。根据算法，选择合适的高级语言编写出源程序。

（4）对源程序进行编译和连接，得到可执行程序。

（5）运行调试程序，分析结果。对运行程序得到的结果要注意分析，看它是否正确合理。如果得不到正确的结果，则检查程序错误，修改后重新调试；如果得到了预期的结果，说明程序可能是正确的，因为一个结果不能完全说明问题，接下来要进行测试，所谓测试就是设计多组测试数据，检查程序对不同数据的运行情况，从中尽量发现程序中存在的漏洞，使其能正确解决各种情况下的问题。

（6）编写程序文档。程序文档是软件的重要组成部分，软件是计算机程序和程序文档的总称。许多程序是提供给别人使用的，就如同产品的说明书一样，正式提供给用户使用的程序要同时向用户提供程序说明书（用户文档）。内容应包括：程序名称、程序功能、运行环境、程序的装入和启动、需要输入的数据，以及使用注意事项。

小结

1. 计算机是由程序控制的，要使计算机按照人们的意图工作，必须用计算机编写程序。

2. 机器语言与汇编语言依赖于计算机，属低级语言，难学难用，无通用性。高级语言接近人类自然语言和教学语言，易学习易推广，不依赖于具体计算机，通用性强。

3. 一个 C 语言程序是由一个或多个函数构成的，必须有一个 main 函数。程序的执行由 main 函数开始，到 main 函数结束。函数体由声明部分和执行部分组成，在函数体内可以包括若干个语句，语句以分号结束。一行内可以写多个语句，一个语句可以分写为多行。

4. 上机运行一个 C 程序必须经过 4 个步骤：编辑、编译、连接、执行。C 语言源程序（*.c），编译后生成目标文件（*.obj），目标文件和库文件连接后生成可执行文件（*.exe）。

5. 程序设计是指利用计算机解决问题的全过程，它包含多方面的内容，而编写程序只是其中的一部分。

习题 1

1. 简答题

（1）什么是计算机低级语言？什么是计算机高级语言？各有什么特点？请写出知道的 5 种高级语言的名称和用途。

（2）C 语言以函数为单位有什么好处？

2. 编程题

（1）编写 C 语言程序输出以下信息。

```
*****************************
            Hard   Work！
*****************************
```

（2）编写一个程序，输入 a，b，c 三个值，输出其中最大者。

项目二　查闰年
——算法

● **教学目标**

➤ 了解算法的相关概念；

➤ 掌握算法流程图三种基本结构；

➤ 结构化程序设计的基本思想及基本步骤。

2.1　项目描述

输出 2000~2500 年间所有是闰年的年份，符合下面两个条件之一的年份
是闰年：

（1）能被 4 整除但不能被 100 整除；

（2）能被 400 整除。

用 N-S 图描述算法。

结果如图 2-1：

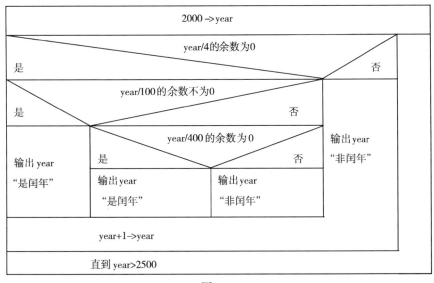

图 2-1

2.2 相关知识

2.2.1 算法概述

一个程序应包括：

对数据的描述。在程序中要指定数据的类型和数据的组织形式，即数据结构（data structure）。

对操作的描述。对具体问题求解方法和步骤的描述，即算法（algorithm）。

Nikiklaus Wirth 提出的公式：

$$数据结构 + 算法 = 程序$$

就是说，为了能够使计算机正确地解决问题，在对问题进行分析后，确定解决的方法和步骤，再用计算机语言编写成程序交给计算机，让计算机按照人们制定的方法和步骤工作。这种解决问题的步骤和方法称为算法。所以，也有下面的公式：

$$程序 = 算法 + 数据结构 + 程序设计方法 + 语言工具和环境$$

以上是一个程序设计人员应该具备的知识。

对同一问题，可以有不同的解题方法和步骤。有的方法需要的步骤很少，有的则较多，即方法有优劣之分。一般来说，希望采用过程简单明了和思路清晰正确地方法。

做任何事情都有一定的步骤。为解决一个问题而采取的方法和步骤，就称为算法。

2.2.2 算法的特性

不是任意的解决问题的一些步骤就可以构成一个算法，一个有效的算法应具有以下特性：

1. 有穷性

一个算法必须在执行有限个操作步骤之后结束，而且执行的时间是有穷的，不能是无限执行。

2. 确定性

算法的每一个步骤必须是有确定的含义，不会产生二义性。

3. 有效性

算法中的每一步操作都要能够有效地执行，并得到确定的结果，不能是不可执行的操作或无效操作。例如，不能除以一个为 0 的数。

4. 有零个或多个输入

有的问题在解决时需要先从外界取得必要的信息，即需要有初始数据，有的则不需要，所以输入项的多少完全取决于问题本身。

5. 有一个或多个输出

这里说的输出并不一定是计算机打印或屏幕显示，一个算法得到的结果就是算法的输出，也就是说，一个完整的算法至少会有一个输出，如果没有输出，我们就不可能看到任何结果，整个算法就没有任何意义。

2.2.3 结构化程序设计

结构化程序设计强调程序设计风格和程序结构的规范化，提倡清晰的结构。结构化程序设计的原则是把一个复杂问题的求解过程分阶段进行，把每个阶段处理的问题控制在人们容易理解和处理的范围内。

结构化程序设计的原则是：采用自顶向下、逐步求精的方法；程序结构模块化，每个模块只有一个入口和一个出口；使用三种基本控制结构描述程序流程，进行结构化编码。其中，模块化是结构化程序设计的重要原则。所谓模块化，就是把一个大型的程序按照功能划分为若干相对独立的、较小的子程序（模块），并把这些模块按照层次关系进行组织。

算法的实现过程是由一系列操作组成的，这些操作之间的执行顺序构成程序的结构。任何复杂算法都可以分解为顺序结构、选择结构和循环结构这三种结构的组合形式，因此，这三种结构被称为程序设计的三种基本结构，这也是结构化程序设计的基础。

2.2.4 算法的表示方法

为了使算法表达得更清晰，更容易实现算法的编写，在程序设计时通常使用专门的算法表示方法对算法进行描述。对于复杂的问题，往往先将算法表达出来，再通过编程将算法实现。下面介绍算法表示方法之一：N-S 流程图。

N-S 流程图是 1973 年美国学者提出的一种新型流程图。这种流程图将全部算法写在一个矩形框内，在该框内还可以包含其他从属于它的框。这种流程图适于结构化程序设计。用 N-S 流程图表示算法直观形象，比较清楚地显示出各个框之间的逻辑关系。

N-S 流程图用以下的流程图符号。

1. 顺序结构

如图 2-2，A 和 B 两个框组成一个顺序结构。先执行 A 操作，后执行 B 操作。

2. 选择结构

又称为分支结构。如图 2-3 表示选择结构，当条件 P 成立时执行 A 操作，当条件 P 不成立时执行 B 操作。

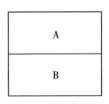

图 2-2 顺序结构

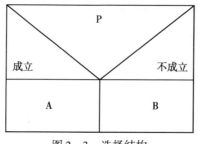

图 2-3 选择结构

3. 循环结构

又称为重复结构。有两种循环形式,一种如图 2-4,表示当型循环结构,当条件 P1 成立时反复执行 A 操作,直到 P1 条件不成立为止;另一种如图 2-5,表示直到型循环结构,反复执行 A 操作,直到条件 P2 成立时不再执行 A 操作。

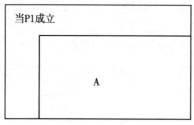

图 2-4 当型循环结构

图 2-5 直到型循环结构

2.3 项目分析与实现

输出 2000~2500 年间所有是闰年的年份,符合下面两个条件之一的年份是闰年:

(1) 能被 4 整除但不能被 100 整除;

(2) 能被 400 整除。

用 N-S 图描述算法。

2.3.1 算法分析

输出 2000~2500 年间所有是闰年的年份,符合下面两个条件之一的年份是闰年:

(1) 能被 4 整除但不能被 100 整除;

(2) 能被 400 整除。

根据判断闰年的条件,设 y 为被检测的年份,则算法可表示如下:

S1：2000→y

S2：若 y 不能被 4 整除，则输出 y "不是闰年"，然后转到 S6

S3：若 y 能被 4 整除，不能被 100 整除，则输出 y "是闰年"，然后转到 S6

S4：若 y 能被 100 整除，又能被 400 整除，输出 y "是闰年" 否则输出 y "不是闰年"，然后转到 S6

S5：输出 y "不是闰年"

S6：y + 1→y

S7：当 y≤2500 时，返回 S2 继续执行，否则，结束。

这个算法采用了多次判断，先判断 y 能否被 4 整除，如果不能，则 y 不是闰年。如果 y 能被 4 整除，并不能马上决定它是否闰年，还要检查它能否被 100 整除，如果不能被 100 整除，则肯定是闰年。如果能被 100 整除，还不能判断它是否闰年，还要检查它能否被 400 整除，如果能被 400 整除，则是闰年；否则不是闰年。

2.3.2 项目实现

算法用 N-S 流程图表示，如图 2-6 所示：

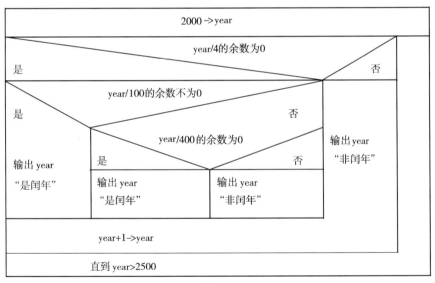

图 2-6

2.4 知识拓展

2.4.1 简单的算法举例

计算机算法可分为两大类：

数值运算算法：求解数值；

非数值运算算法：事务管理领域。

数值运算往往有现成的模型，可以运用数值分析方法，因此对数值运算的算法的研究比较深入，算法比较成熟。对各种数值运算都有比较成熟的算法可供选用。例如，有的提供"数学程序库"供用户调用，使用方便。

非数值运算种类繁多，要求各异，一般没有现成的答案，只有一些典型的非数值运算算法有现成的、成熟的算法可供使用。许多问题需要使用者根据特定问题，参考已有的类似算法的思路重新设计算法。

【例 2.1】求 5!。

最原始方法：

步骤 1：先求 1×2，得到结果 2；

步骤 2：将步骤 1 得到的乘积 2 乘以 3，得到结果 6；

步骤 3：将 6 再乘以 4，得 24；

步骤 4：将 24 再乘以 5，得 120；

这样的算法虽然正确，但太繁。

改进的算法：

S1：使 $t = 1$

S2：使 $i = 2$

S3：使 $t \times i$，乘积仍然放在在变量 t 中，可表示为 $t \times i \to t$

S4：使 i 的值 $+1$，即 $i + 1 \to i$

S5：如果 $i \leqslant 5$，返回重新执行步骤 S3 以及其后的 S4 和 S5；否则，输出结果，算法结束。

如果计算 50! 只需将 S5 中 $i \leqslant 5$ 改成 $i \leqslant 50$ 即可。

如果改为求 $1 \times 3 \times 5 \times 7 \times 9 \times 11$，算法也只需做很少的改动：

S1：$1 \to t$

S2：$3 \to i$

S3：$t \times i \to t$

S4：$i + 2 \to t$

S5：若 $i \leqslant 11$，返回 S3，否则，结束。

该算法不仅正确，而且是计算机较好的算法，因为计算机是高速运算的自动机器，实现循环轻而易举。

【例 2.2】有 50 个学生，要求将他们之中成绩在 80 分以上的学生的学号和成绩打印出来。

如果，n 表示学生学号，n_i 表示第 i 个学生学号；g 表示学生成绩，g_i 表示第 i 个学生成绩；

则算法可表示如下：

S1：1→i

S2：如果 $g_i \geqslant 80$，则打印 n_i 和 g_i，否则不打印

S3：i+1→i

S4：若 i≤50，返回 S2，否则，结束。

解决问题，设计算法时要注意把具体的问题抽象化，设计出简明的易于用计算机实现的算法。

【例 2.3】判断一个大于或等于 3 的正整数是否为素数。

素数：指除了 1 和该数本身之外，不能被其他任何整数整除的数。

设正整数为 n（n≥3），判断 n 是否为素数的方法：将 n 作为被除数，将 2……n-1 各个整数先后作为除数，如果都不能被整除，则 n 为素数。

则算法可表示如下：

S1：输入 n 的值

S2：i=2（i 作为除数）

S3：n 被 i 除，得余数 r

S4：如果 r=0，表示 n 能被 i 整除，则输出 "n 不是素数"，算法结束；否则执行 S5

S5：i+1→i

S6：如果 i≤n-1，返回 S3；否则输出 n 的值以及 "是素数"，然后结束。

其实，只需判断能否被 2-n/2 间的整数整除即可，其至只需被 $2-\sqrt{n}$ 之间的整数整除即可。将 S6 步骤改为：

S6：如果 $i \leqslant \sqrt{n}$，返回 S3；否则算法结束。

2.4.2 算法的其他表示方法

表示算法的方法，除了之前描述的 N-S 流程图法，还有一些其他的方法：自然语言描述法、传统流程图描述法、伪代码描述法、程序设计语言描述法等。

1. 用自然语言表示算法

自然语言就是人们日常使用的语言，用自然语言表示算法，通俗易懂，但应注意，表示的每个操作步骤必须是计算机能够实现的。自然语言表示法常会出现文字冗长、出现歧义的情况，所以除了那些很简单的问题之外，一般不用自然语言表示算法。

【例 2.4】输入三个数，输出其中最大的数。

定义三个变量 a、b、c 用来存放这三个数，用变量 max 存放最大的数。算法描述如下：

（1）输入 a、b、c；

（2）比较 a 与 b，将较大的数放入 max 中；

（3）比较 c 与 max，将较大的数放入 max 中；

（4）max 即为最大数，输出 max 的值。

2. 用传统流程图表示算法

传统流程图是利用一系列规定的图形符号及文字说明来表示算法中的基本操作和控制流程。用传统流程图表示算法，直观形象，易于理解，便于修改和交流。

图 2-7 是传统流程图所用的基本符号。

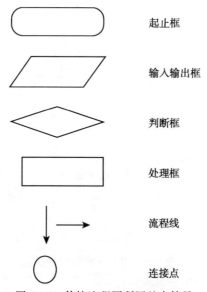

起止框

输入输出框

判断框

处理框

流程线

连接点

图 2-7 传统流程图所用基本符号

3. 三种基本结构的传统流程图表示方法

顺序结构（图 2-8）：

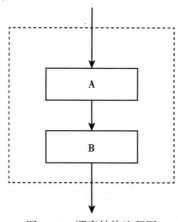

图 2-8 顺序结构流程图

选择结构（图2－9）：

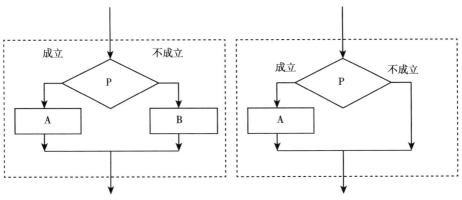

图2－9　选择结构流程图

循环结构（图2－10）：

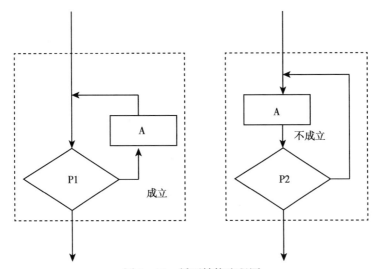

图2－10　循环结构流程图

三种基本结构的共同特点：

- 只有一个入口；
- 只有一个出口；
- 结构内的每一部分都有机会被执行到；
- 结构内不存在"死循环"。

【例2.5】将例2.1求5！的算法用传统流程图表示，如图2－11所示。

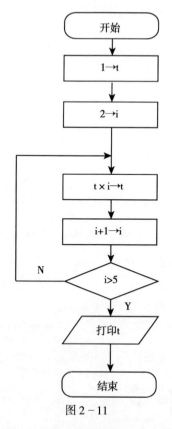

图 2 - 11

【例 2.6】将例 2.2 的算法用传统流程图表示，如图 2 - 12 所示。

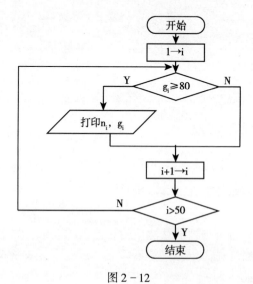

图 2 - 12

4. 用伪代码表示算法

伪代码使用介于自然语言和计算机语言之间的文字和符号来描述算法。

【例2.7】求5!，用伪代码表示的算法如下：

```
begin              （算法开始）
    1→t
    2→i
    while i≤5
    {
        t * i→t
        i + 1→i
    }
    print t
end                （算法结束）
```

在该算法描述中，采用当型循环，其中，while 的意思是"当"，表示当 i≤5 时，反复执行循环体语句，即 ｛｝ 内的两条语句，直到 i＞5 时，结束循环。

5. 用计算机语言表示算法

【例2.8】求5!，用 C 语言表示。

```
main （）
{
    int i, t;
    t = 1;
    i = 2;
    while （i <= 5）
    {
        t = t * i;
        i = i + 1;
    }
    printf （"% d", t）;
}
```

用计算机语言表示算法必须严格遵循所用语言的语法规则。

小结

1. 为解决一个问题而采取的操作方法和操作步骤，称为算法。用计算机处理问题必须事先编写好程序，而在编写好程序之前，必须先设计算法。对于面向过程的程序来说，数据结构＋算法＝程序。要注意学习和掌握算法，在阅读程序时，要注意分析程序的构成思路。

2. 算法表示的方法有：自然语言描述法、传统流程图描述法、N－S 流程图描述法、伪代码描述法、计算机语言描述法等多种方法。

3. 程序设计的三大结构：顺序结构、选择结构和循环结构。

4. 结构化程序设计的原则是：采用自顶向下、逐步求精的方法；程序结构模块化，每个模块只有一个入口和一个出口；使用三种基本控制结构描述程序流程，进行结构化编码。

习题 2

1. 算法是什么？
2. 程序设计的三大结构有哪些？
3. 结构化程序设计的原则是什么？

项目三　有趣的数据运算
——顺序结构程序设计

● 教学目标

➤ 熟练掌握三种基本数据类型；

➤ 掌握变量的定义及初始化方法；

➤ 掌握运算符与表达式的概念；

➤ 理解 C 语言的自动类型转换和强制类型转以及赋值的概念；

➤ 掌握 C 语言常用的输入输出方式；

➤ 掌握顺序结构程序设计方法。

3.1　项目描述

我们对数学中的加、减、乘、除等运算都非常熟悉，C 语言中的数据也可以进行这样的算术运算，但和数学运算相比会有一些有趣的差异。到底有哪些不同？又为什么会有这些不同呢？请往下看。

3.2　相关知识

3.2.1　C 语言的数据类型

程序的基本功能就是处理数据，每个数据都有一定的类型，数据类型决定数据的存储方式和运算方式。C 语言中的数据类型如下：

（1）基本数据类型：基本数据类型最主要的特点是，其值不可以再分解

为其他类型。也就是说，基本数据类型是自我说明的。

（2）构造数据类型：构造数据类型是根据已定义的一个或多个数据类型用构造的方法来定义的。也就是说，一个构造类型的值可以分解成若干个"成员"或"元素"。每个"成员"都是一个基本数据类型或又是一个构造类型。

在本章中，我们只介绍基本数据类型中的整型、浮点型和字符型。其余类型在以后各章中会陆续介绍。

3.2.1.1 整型数据

整数（integer）就是没有小数部分的数。C 语言中的整型数据分为三类：

（1）基本整型：类型说明符为 int，在内存中占 4 个字节。

（2）短整型：类型说明符为 short int 或 short，在内存中占 2 个字节。

（3）长整型：类型说明符为 long int 或 long，在内存中占 4 个字节。

每种类型又分为带符号（signed）和无符号（unsigned）两种。带符号数的最高位为符号位，0 代表"+"，1 代表"-"。无符号数没有符号位，全部位数都用来表示数值，因此无符号数不能表示负数，其最小值为 0。

表 3-1 列出了 ANSI 标准定义的整数类型（以 VC++ 为例），类型说明符中中括号括起来的部分为可选部分。

表 3-1　整型数据

类型说明符	取值范围		字节数
［signed］int	-2147483648 ~ 2147483647	即 -2^{31} ~ $(2^{31}-1)$	4
unsigned［int］	0 ~ 4294967295	即 0 ~ $(2^{32}-1)$	4
［signed］short［int］	-32768 ~ 32767	即 -2^{15} ~ $(2^{15}-1)$	2
unsigned short［int］	0 ~ 65535	即 0 ~ $(2^{16}-1)$	2
［signed］long［int］	-2147483648 ~ 2147483647	即 -2^{31} ~ $(2^{31}-1)$	4
unsigned long［int］	0 ~ 4294967295	即 0 ~ $(2^{32}-1)$	4

3.2.1.2 浮点型数据

浮点数（floating-point）和数学中的实数（real number）概念相对应。C 语言中常用的浮点型数据包括：单精度型（float）和双精度型（double）。

单精度型占 4 个字节（32 位）内存空间，其数值范围为 3.4E-38 ~ 3.4E+38，最少提供 6 位有效数字。双精度型占 8 个字节（64 位）内存空间，其数值范围为 1.7E-308 ~ 1.7E+308，最多可提供 16 位有效数字（见表 3-2）。

表 3 - 2　浮点型数据

类型说明符	字节数	有效数字	取值范围
float	4	6 ~ 7	$10^{-37} \sim 10^{38}$
double	8	15 ~ 16	$10^{-307} \sim 10^{308}$

C 语言还提供了第三种浮点类型：长双精度（long double），以满足比 double 类型更高的精度需求。不过，C 语言只保证 long double 类型至少同 double 类型一样精确，我们在此不再赘述。

3.2.1.3　字符型数据

C 语言中一个字符型数据占 1 个字节（8 位）内存空间，类型说明符为 char。字符型数据用来表示字母、标点符号之类的字符，但实际存储的是字符的 ASCII 码（整数）。例如，大写字母 A 的 ASCII 码值为 65，因此字母 A 在内存中实际存储的是整数 65。因此，在字符型能描述的范围内，字符型数据和整型数据是可以通用的。

一些 C 编译器（如本书使用的 VC++）把 char 当作有符号类型，这意味着 char 型数据的取值范围为 - 128 到 127。C 标准允许在关键字 char 前使用 signed 和 unsigned，这样无论默认的 char 类型是什么，signed char 是有符号类型，而 unsigned char 是无符号类型（数据范围为：0 ~ 255）。这对于使用字符类型来处理小整数十分方便。

3.2.1.4　常量

在程序执行过程中，其值不可以被改变的量称为常量。常量区分为不同的类型，一般从其字面形式即可判断，我们称之为字面常量或直接常量。例如，3 为整型常量，1.5 为浮点型常量，'a' 为字符型常量。C 语言中每种类型的常量具有不同的表示方法。

1. 整型常量的表示方法

C 语言中使用的整型常量有十进制、八进制和十六进制三种，用不同的前缀加以区分：十进制没有任何前缀，八进制以 0 作为前缀，十六进制以 0x（或 0X）作为前缀。

（1）十进制整数。由 0 到 9 十个阿拉伯数字组成的整数是十进制整数。例如：15，- 3。

（2）八进制整数。以 0 开头，由 0 到 7 八个阿拉伯数字组成的整数是八进制整数。例如，015 表示八进制数 15，其值为：$1 \times 8^1 + 5 \times 8^0$，等于十进制数 13。需要注意的是，八进制整数不能出现 0 ~ 7 之外的其他数字，例如 018 是非法的表示。

（3）十六进制整数。以 0x（或 0X）开头，由 0 到 9 十个阿拉伯数字加上

a 到 f（或 A 到 F）六个英文字母组成的整数是十六进制整数。例如，0x15，0xff。

2. 浮点型常量的表示方法

浮点型常量只能用十进制表示，有两种形式：小数形式和指数形式。

（1）十进制小数。由数字 0 ~ 9 和小数点（不能省略）组成。例如，1.5、0.25。

（2）指数。由十进制数，加阶码标志"e"或"E"以及阶码（只能为整数，可以带符号）组成。其一般形式为：

aEn 或 aen

其值为 $a*10^n$。其中 a 为十进制数可以是整数也可以是小数，n 只能为十进制整数，a 和 n 都不能省略。例如：

2E5（等于 $2*10^5$）

3.7E－2（等于 $3.7*10^{-2}$）

3. 字符常量

（1）字符常量的表示方法

字符常量是用单引号括起来的一个字符。例如：'a'、'b'、'='、'+'、'*'都是合法字符常量。在 C 语言中，字符常量有以下特点：①字符常量只能用单引号括起来。②字符常量只能是单个字符。③C 语言允许一种特殊形式的字符常量，它们以"\"开头，后跟一个或几个字符，我们称之为转义字符。转义字符具有特定的含义，不同于字符原有的意义，故称"转义"字符。它们也是以单引号括起来的，如'\n'表示换行符。常用的转义字符见表 3－3。

表 3－3　常用的转义字符及其含义

转义字符	转义字符的意义	ASCII 代码
\n	换行	10
\t	横向跳到下一制表位置	9
\b	退格	8
\r	回车	13
\f	走纸换页	12
\\	反斜线符"\"	92
\'	单引号符	39
\"	双引号符	34
\a	鸣铃	7
\ddd	1 ~ 3 位八进制数所代表的字符	
\xhh	1 ~ 2 位十六进制数所代表的字符	

（2）字符常量与字符串常量的区别

字符串常量是由一对双引号括起来的字符序列。例如："CHINA"，"C program"，"$12.5"等都是合法的字符串常量。

字符串常量和字符常量是不同的量。它们之间主要有以下区别：①字符常量由单引号括起来，字符串常量由双引号括起来。②字符常量只能是单个字符，字符串常量则可以包含一个或多个字符。③可以把一个字符常量赋予一个字符变量，但不能把一个字符串常量赋予一个字符变量。

在 C 语言中没有相应的字符串变量，这与其他语言是不同的。但是可以用一个字符数组来存放一个字符串常量，在数组部分会加以介绍。

字符常量占一个字节的内存空间，字符串常量占的内存字节数等于字符串中字符数加 1。增加的一个字节中存放字符"\0"（ASCII 码为 0），这是字符串结束的标志。

例如：

字符常量 'a' 和字符串常量"a"虽然都只有一个字符，但在内存中的情况是不同的。

'a' 在内存中占一个字节，可表示为：

a

"a"在内存中占二个字节，可表示为：

a	\0

3.2.1.5 变量

程序执行过程中，其值可以改变的量称为变量。一个变量应该有一个名字，在内存中占据一定的存储单元。变量定义必须放在变量使用之前，即"先定义，后使用"。

1. 标识符的命名规则

定义变量时要给变量取一个名字。和其他高级语言一样，用来标识变量名、符号常量名、函数名、数组名、类型名、文件名等的有效字符序列称为标识符。简单地说，标识符就是一个名字，但这个名字不可以随意取，要符合标识符的命名规则：①只能由英文字母、数字和下划线三种字符组成；②第一个字符必须为字母或下划线，不能以数字开头；③不能是 C 语言的关键字（C语言关键字见附录表）。

例如：

sum、stu_score、f1 都是合法的标识符。

注意，C 语言是大小写敏感的语言，即大写字母和小写字母会被认为是两个不同的字符。因此，sum 和 SUM 是两个不同的变量名。一般情况下，变量名都用小写字母表示。另外，给变量取名字时最好采用"见名知义"的原则，以提高程序的可读性。

2. 变量的定义

【格式】：类型说明符 变量名 1 ［，变量名 2，变量名 3……］；

例如：

```
int num；/＊定义一个整型变量 num ＊/
float f1 ，f2 ；/＊定义两个 float 类型变量 f1 、f2 ＊/
char c1，c2，c3；/＊定义三个 char 型变量 c1、c2、c3 ＊/
```

【说明】：

（1）类型说明符可以是之前介绍的整型、浮点型、字符型的任意一种；

（2）变量名要符合标识符的命名规则；

（3）如同时定义多个变量，变量名之间用逗号间隔；

（4）变量定义要以分号作为结束标志。

3. 变量赋初值

在程序中常常需要对变量赋初值，以便使用变量。有多种方法为变量提供初值，在此先介绍在变量定义的同时给变量赋以初值的方法，这种方法称为初始化。一般形式为：

类型说明符 变量 1＝值 1 ［，变量 2＝值 2，……］；

例如：

```
int a＝3；/＊定义一个整型变量 a，并赋初值 3 ＊/
int b，c＝5；/＊定义整型变量 b、c，且给变量 c 赋初值 5 ＊/
double x＝3.5；/＊定义一个 double 类型变量 x，并赋初值 3.5 ＊/
char ch1＝'A'，ch2＝'B'；/＊定义两个字符型变量 ch1、ch2，并分别赋初值 A 和 B ＊/
```

【说明】：

（1）定义变量时可以对全部变量赋初值，也可以只对部分变量赋初值。

（2）在定义中不允许连续赋值。如 int a＝b＝5；是不合法的，要想给 a、b 都赋初值 5 应分别赋值：int a＝5，b＝5。

（3）变量名和变量值是两个不同的概念。设有如下定义：

```
int num＝3；
```

变量名为 num，它的当前值为 3。

3.2.2 运算符与表达式

C 语言具有丰富的运算符和表达式，C 语言的运算符不仅具有不同的优先级，而且还有一个特点，就是它的结合性。在表达式中，各运算量参与运算的先后顺序不仅要遵守运算符优先级别的规定，还要受运算符结合性的制约，以便确定是自左向右进行运算还是自右向左进行运算。在这里我们重点介绍算术运算和赋值运算，其他的运算符和表达式将会在后面的章节中陆续介绍。

3.2.2.1 算术运算符和算术表达式

1. 基本的算术运算符

（1）+（加法运算符或正值运算符）

加法运算符为双目（二元）运算符，即需要两个操作数，如 5 + 3；正值运算符为单目（一元）运算符，只需要一个操作数，如 + 5。

（2）-（减法运算符或负值运算符）

减法运算符为双目运算符，如 5 - 3；负值运算符为单目运算，如 - 5。

（3）*（乘法运算符）

C 语言里的乘法运算符为 "*"，并且不能省略。例如，数学表达式 2ab 对应的 C 语言表达式为：2 * a * b。

（4）/（除法运算符）

当参与除法运算的操作数均为整型时，结果也为整型（只取商的整数部分），如 5/2 结果为 2。只要操作数中有一个是浮点型，则结果为浮点型，如 5.0/2 结果为 2.5。

（5）%（模运算符，也称作取余运算符）

% 两侧的操作数均应为整数，运算结果等于两数相除后的余数，如 5%2 结果为 1。

2. 算术表达式

算术表达式是由算术运算符和括号将运算对象（也称操作数）连接起来的、符合 C 语法规则的式子。例如：

a + b

(a * 2) /c

(x + y) * 8 - (a + b) /7

表达式的值及其类型等于计算表达式所得结果的值和类型。表达式求值按运算符的优先级和结合性规定的顺序进行。C 语言中，运算符的运算优先级共分为 15 级（参看附录表），1 级最高，15 级最低。在表达式中，优先级较高的先于优先级较低的进行运算。而在一个运算量两侧的运算符优先级相同时，则按运算符的结合性所规定的结合方向处理。

算术运算符中的正值、负值运算符优先级为 2 级，乘法、除法、模运算符的优先级为 3 级，加法、减法运算符的优先级为 4 级。除正值、负值运算符的结合性是自右至左外，其余算术运算符的结合性皆为自左至右。这种自左至右的结合方向就称为"左结合性"，而自右至左的结合方向称为"右结合性"。

如有表达式 x – y + z，因为"+"、"–"运算符的优先级相同，而结合性是自左至右，则应先执行 x – y 运算，然后再执行 + z 的运算。

3. 自增、自减运算符

自增（++）、自减（– –）运算符的功能是使变量值在原来的基础上增 1 或者减 1。自增（++）、自减（– –）运算符均为单目运算，只需要一个操作数，且操作数必须为变量，它们可以出现在变量前面也可以出现在变量后面。不管出现在变量前还是变量后，相同之处是变量的值最终都会在原来的基础上增 1 或者减 1，不同之处是表达式的值会不一样。下面我们通过一个具体例子来分析一下：

（1）设有如下定义：

int i = 3, m;
m = ++i; /* ++出现在变量前面，此时先对变量 i 加 1，再将加 1 之后的值赋值给 m */

等价于：

i = i + 1; /* 变量 i 增 1 */
m = i; /* 将增 1 后的变量 i 的值（4）赋值给 m */

表达式求解完后 i 和 m 的值都为 4，即 ++i 这个表达式的值为 i 加 1 之后的值。

（2）设有如下定义：

int i = 3, m;
m = i++; /* ++出现在变量后面，此时先使用变量 i 的原值，再对变量 i 增 1 */

等价于：

m = i; /* 将变量 i 的值（3）赋值给 m */
i = i + 1; /* 变量 i 增 1 */

表达式求解完后 m 的值为 3，i 的值为 4，即 i++ 这个表达式的值为 i 加 1 之前的值。

在理解和使用上容易出错的是 i++ 和 i– –。特别是当它们出现在较复杂的表达式或语句中时，常常难于弄清，因此应仔细分析。

注意：

①自增（++）、自减（– –）运算符只能用于变量，不能用于常量或表达式。

②自增（++）、自减（– –）运算符的优先级是 2 级，与正值（+）、负值（–）运算符处于同一级别。

③自增（++）、自减（--）运算符的结合方向是"自右至左"的。因此，表达式 -i++ 等价于 -（i++）。

3.2.2.2 赋值运算符和赋值表达式

C语言里"="为赋值运算符，它的优先级为14级，结合性"自右至左"。由"="连接的式子称为赋值表达式。其一般形式为：

<变量> = <表达式>

赋值表达式的功能是将赋值运算符右边表达式的值赋予左边的变量，整个赋值表达式的值就是被赋值变量的值。

例如：

a=5/*将5赋值给变量a，整个赋值表达式和a的值都为5*/

b=3/*将3赋值给变量b，赋值表达式和b的值都为3*/

x=a+b/*将a+b的值8赋值给变量x，赋值表达式和x的值都为8*/

赋值运算符具有右结合性，因此：

a=b=c=5

可理解为

a=（b=（c=5））

凡是表达式可以出现的地方均可出现赋值表达式。例如，式子：

x=（a=5）+（b=8）

是合法的。它的意义是把5赋予a，8赋予b，再把5，8相加，和赋予x，故x应等于13。

3.2.3 C语句

从程序流程的角度来看，程序可以分为三种基本结构，即顺序结构、选择结构和循环结构。这三种基本结构可以组成所有的复杂程序。C语言提供了多种语句来实现这些程序结构。在此介绍这些基本语句及其在顺序结构中的应用，使读者对C程序有一个初步的认识，为后面各章的学习打下基础。

1. C语句概述

C程序的执行部分是由语句组成的，程序的功能也是由执行语句实现的。和其他高级语言一样，C语言的语句用来向计算机系统发出操作指令，对已提供的数据进行加工。C语句分为以下5类：

（1）控制语句

控制语句用于控制程序的流程，以实现程序的各种结构方式。它们由特定的语句定义符组成。C语言有九种控制语句，可分成以下三类：

①条件语句：if 语句、switch 语句；

②循环语句：do while 语句、while 语句、for 语句；

③转向语句：break 语句、goto 语句、continue 语句、return 语句。

这些控制语句将在后面的章节中分别介绍。

（2）表达式语句

表达式语句可由任意一个表达式加上分号";"组成，执行表达式语句就是计算表达式的值。其一般形式为：

表达式；

例如：

```
x = y + z;  /* 赋值语句 */
y + z;      /* 加法语句，但计算结果不能保留，无实际意义 */
i ++;       /* 自增语句，i 值增 1 */
```

（3）函数调用语句

由一次函数调用加上分号";"组成。其一般形式为：

函数名（实际参数表）；

执行函数语句就是调用函数体并把实际参数赋予函数定义中的形式参数，然后执行被调函数体中的语句，求取函数值（在函数部分会详细介绍）。

例如：

```
printf（"C Program"）; /* 调用库函数，输出字符串"C Program" */
```

（4）空语句

只有一个分号";"组成的语句称为空语句。空语句是什么也不执行的语句，有时用来做循环语句中的循环体。

（5）复合语句

把多个语句用括号 ｛｝括起来组成的一个语句称复合语句。在程序中应把复合语句看成是单条语句，而不是多条语句，通常用于控制语句中。

例如：

```
｛x = y + z;
 a = b + c;
 printf（"% d% d \ n", x, a）;
｝
```

是一条复合语句。

复合语句内的各条语句都必须以分号";"结尾，在括号"｝"外不能加分号。

C 语言允许一行写多条语句，一条语句也可以拆成多行，语句的结束标志为分号";"。

2. 赋值语句

赋值语句是由赋值表达式再加上分号构成的表达式语句。由于赋值语句应用十分普遍，所以专门再讨论一下。

在赋值语句的使用中需要注意以下几点：

（1）由于在赋值运算符"="右边的表达式也可以又是一个赋值表达式，因此，下述形式：

变量 =（变量 = 表达式）；

是成立的，从而形成嵌套的情形。其展开之后的一般形式为：

变量 = 变量 = …… = 表达式；

例如：

a = b = c = d = e = 5；

按照赋值运算符的右接合性，因此实际上等效于：

e = 5；

d = e；

c = d；

b = c；

a = b；

（2）注意在变量说明中给变量赋初值和赋值语句的区别。

给变量赋初值是变量说明的一部分，赋初值后的变量与其后的其他同类变量之间仍必须用逗号间隔，而赋值语句则必须用分号结尾。

例如：

int a = 5，b，c；

（3）在变量说明中，不允许连续给多个变量赋初值。

如下述说明是错误的：

int a = b = c = 5

必须写为

int a = 5，b = 5，c = 5；

而赋值语句允许连续赋值。

（4）注意赋值表达式和赋值语句的区别。赋值表达式是一种表达式，它可以出现在任何允许表达式出现的地方，而赋值语句则不能。

下述语句是合法的：

if（（x＝y＋5）＞0）z＝x;

语句的功能是，若表达式 x＝y＋5 大于 0 则 z＝x。

下述语句是非法的：

if（（x＝y＋5;）＞0）z＝x;

因为 x＝y＋5; 是语句，不能出现在表达式中。

3.2.4　数据的输入与输出

关于 C 语言中数据的输入输出需要注意以下几点：

（1）所谓输入输出是以计算机为主体而言的。

（2）C 语言本身没有输入输出语句，所有数据的输入输出都是由库函数完成的。

（3）在使用 C 语言库函数时，要用预编译命令"#include"将有关"头文件"包括到源文件中。使用标准输入输出库函数时要用到"stdio. h"文件，因此源文件开头应有以下预编译命令：

#include ＜ stdio. h ＞

或

#include"stdio. h"

下面我们来看看 C 语言中常用的输入输出函数。

3.2.4.1　单字符输入输出

1. putchar 函数（字符输出函数）

putchar 函数是字符输出函数，其功能是在显示器上输出单个字符。

一般形式为：

putchar（字符）;

例如：

```
putchar（'A'）;      /＊输出大写字母 A＊/
putchar（x）;        /＊输出字符变量 x 的值＊/
putchar（'\n'）;    /＊输出换行＊/
```

2. getchar 函数（字符输入函数）

getchar 函数的功能是从键盘上输入一个字符。getchar 函数没有参数，其一般形式为：

getchar（　）

函数的值就是从输入设备得到的字符，通常把输入的字符赋予一个已定义

的字符变量,构成赋值语句。如:

```
char c;
c = getchar ( );
```

【例 3.1】单字符输入输出。

```
#include < stdio. h >
int main ( )
{
    char c; /*定义字符变量 c */
    printf ("input a character \ n"); /*输出提示信息 */
    c = getchar ( ); /*从键盘输入一个字符赋值给变量 c */
    putchar (c); /*将变量 c 中的字符输出到屏幕上 */
    putchar ('\ n'); /*输出换行符 */
    return 0;
}
```

运行结果:

```
input a character
a
a
```

程序最后两行可用下面一行代替:

```
putchar (getchar ( ));
```

注意 getchar 函数只能接受单个字符,输入数字也按字符处理,输入多于一个字符时,只接收第一个字符。

3.2.4.2 格式输入输出

1. printf 函数 (格式输出函数)

printf 函数称为格式输出函数,其关键字最末一个字母 f 即为"格式"(format)之意。其功能是按用户指定的格式,把指定的数据输出到显示器屏幕上。在前面的例题中我们已多次使用过这个函数。

printf 函数调用的一般形式为:

printf ("格式控制",输出表列);

其中格式控制字符串用于指定输出格式。格式控制由格式说明和普通字符组成。格式说明由% 和格式字符组成,以说明输出数据的类型、形式、长度等。普通字符在输出时照原样输出,在显示中起提示作用。输出表列中为要输出的数据,可以是变量或表达式,多个输出项之间以","分隔,也可以没有输出项。格式说明和各输出项在数量和类型上应该一一对应。

例如：

printf（"a＝%d，b＝%d"，a，b）；

双引号里面的两个"%d"为格式说明，分别用来控制输出表列中变量 a 和 b 的输出格式；其余字符为普通字符，按照原样输出。如果 a、b 的值分别为 3、5，则输出结果为：

a＝3，b＝5

printf（"C Program"）；/＊只有格式控制没有输出表列，且格式控制中只有普通字符没有格式说明＊/。

常用的几种格式字符：

（1）d 格式符

用来输出十进制整数，有三种用法：①%d，按整型数据的实际长度输出，其范围为带符号基本整型 int 类型数据的范围。②%md，m 为十进制整数，指定输出字段的宽度。若数据的实际位数小于 m 左端补空格，若实际位数大于或等于 m 则按实际输出。③%ld，输出长整型数据。

【例 3.2】d 格式符的使用。

```
#include <stdio. h>
int main（ ）
    {
        int a＝3，b＝5；
        printf（"%d%d\n"，a，b）；
        printf（"%3d%3d\n"，a，b）；
        return 0；
    }
```

输出结果为：

35

　3　5

（2）c 格式符

输出一个字符。因为字符型数据实际在内存中存储的是字符的 ASCII 码值（整数），因此字符型数据和整型数据在字符型数据能表示的范围内是可以通用的。C 语言允许对整型变量赋以字符值，也允许对字符变量赋以整型值。在输出时，允许把字符变量按整型量输出，也允许把整型量按字符量输出。具体按哪种形式输出，取决于格式字符是用"c"还是"d"。

【例 3.3】c 格式符的使用。

```
#include <stdio.h>
 int main ( )
 {char c = 'a';  /* 小写字母 a 的 ASCII 码值为 97，因此等价于：char c = 97；*/
  printf ("%c,%d\n", c, c);
  return 0;
 }
```

输出结果为：

a，97

（3）f 格式符

以十进制小数形式输出浮点型数据，有两种常见用法：①% f，整数部分照实际输出，小数点后保留 6 位，不足 6 位用 0 补齐。②% m. nf，整个输出列宽占 m 列，小数点后保留 n 位。若数据的实际位数小于 m 左端补空格，若实际位数大于或等于 m 则按实际输出。列宽 m 也可以省略，若省略则按实际输出。

【例 3.4】f 格式符的使用。

```
#include <stdio.h>
int main ( )
{
    double x = 3.5;
    printf ("%f,%5.2f,%.2f\n", x, x, x);
    return 0;
}
```

输出结果为：

3.500 000，3.50，3.50

除了上面介绍的三种格式字符，还有 o 格式符、x（或 X）格式符、u 格式符、e（或 E）格式符、s 格式符等，具体见表 3-4。

表 3-4　printf 格式字符

格式字符	意　义
d	以十进制形式输出带符号整数（正数不输出符号）
o	以八进制形式输出无符号整数（不输出前缀 0）
x，X	以十六进制形式输出无符号整数（不输出前缀 0x）
u	以十进制形式输出无符号整数
f	以小数形式输出浮点数
e，E	以指数形式输出浮点数
g，G	选% f 或% e 中宽度较短的形式输出浮点数，且不输出无意义的 0
c	输出单个字符
s	输出字符串

【说明】：

（1）格式字符只有跟在%后面才能作为格式字符使用。

（2）如果想输出字符"%"，则应用连续两个%表示。

2. scanf 函数（格式输入函数）

scanf 函数称为格式输入函数，即按用户指定的格式从键盘上把数据输入到指定的变量之中。

scanf 函数的一般形式为：

scanf（"格式控制"，地址表列）；

其中，格式控制的构成与 printf 函数相同，由格式说明和普通字符组成。格式说明控制变量的输入格式，普通字符需要原样输入。地址表列中给出各变量的地址。地址是由地址运算符"&"后跟变量名组成的。

例如：

&a, &b

分别表示变量 a 和变量 b 的地址。

这个地址就是编译系统在内存中给 a，b 变量分配的地址。在 C 语言中，使用了地址这个概念，这是与其他语言不同的。应该把变量的值和变量的地址这两个不同的概念区别开来。变量的地址是 C 编译系统分配的，用户不必关心具体的地址是多少。

例如：

a = 567；

则 a 为变量名，567 是变量的值，&a 是变量 a 的地址。

但在赋值号左边是变量名，不能写地址，而 scanf 函数在本质上也是给变量赋值，但要求写变量的地址，如 &a。这两者在形式上是不同的。& 是一个取地址运算符，&a 是一个表达式，其功能是求变量的地址。

【例 3.5】scanf 函数的使用。

```c
#include < stdio. h >
int main（ ）
{
  int a, b;
  printf（"input a, b\ n"）；/ * 输出提示信息 * /
  scanf（"%d,%d", &a, &b）；/ * 输入两个整数分别给变量 a、b 赋值 * /
  printf（"a = %d, b = %d\ n", a, b）；/ * 输出 a、b 的值 * /
return 0；
}
```

在本例中，由于 scanf 函数本身不能显示提示信息，故先用 printf 语句在屏幕上输出提示，请用户输入 a、b 的值。执行 scanf 语句，则进入用户屏幕等待用户输入。用户输入数据后按下回车键，继续往后执行直到程序结束。在 scanf 语句的格式控制中两个%d 之间有一个普通字符"，"，输入数据时"，"一定要原样输入，不能用其他字符作为输入数据之间的间隔。

执行时输入：

3，5✓

输出结果：

a＝3，b＝5

常用的格式字符见表 3-5。

表 3-5　scanf 格式字符

格式字符	说　　明
d	输入带符号十进制整数
o	输入八进制整数
x，X	输入十六进制整数
u	输入无符号十进制整数
f 或 e	输入浮点数（用小数形式或指数形式）
c	输入单个字符
s	输入字符串

【说明】：

（1）可用十进制整数指定输入数据所占列宽，系统自动按照列宽截取所需数据。

例如：

scanf（"%5d"，&a）；

输入：12345678

只把 12345 赋予变量 a，其余部分被截去。

又如：

scanf（"%4d%4d"，&a，&b）；

输入：12345678

将把 1234 赋予 a，而把 5678 赋予 b。

（2）scanf 函数中没有精度控制，输入数据时不能规定精度。

例如：

scanf（"%5.2f"，&a）；

是非法的，不能企图用此语句输入小数为 2 位的浮点数。

（3）scanf 中"格式控制"后面要求给出变量地址，如给出变量名则会出错。

例如：

scanf（"%d"，a）；

是非法的，应改为：

scnaf（"%d"，&a）；

（4）在输入多个数值型数据（整数和浮点数）时，若格式控制中没有普通字符作输入数据之间的间隔，则可用空格、TAB 或回车作间隔符。C 编译在碰到空格、TAB、回车或非法数据（如对"%d"输入"12A"时，A 即为非法数据）时即认为该数据结束。

（5）输入字符数据时，若格式控制串中无普通字符，则认为所有输入的字符均为有效字符。

例如：

scanf（"%c%c%c"，&a，&b，&c）；

输入：

d　e　f

则把 'd' 赋予 a，'' 赋予 b，'e' 赋予 c。

输入：

def

把 'd' 赋予 a，'e' 赋予 b，'f' 赋予 c。

如果在格式控制中加入空格作为间隔，例如：

scanf（"%c %c %c"，&a，&b，&c）；

则输入时各数据之间可加空格。

3.2.5　顺序结构程序设计

顺序结构是按照代码编写的先后顺序执行，先写的先执行，后写的后执行，结构流程如图 3-1 所示。

图 3 - 1　顺序结构

下面我们来看一个顺序结构程序设计的例子。

【例 3.6】输入三角形的三边长，求三角形面积。

已知三角形的三边长 a，b，c，则该三角形的面积公式为：

$$area = \sqrt{s\,(s-a)\,(s-b)\,(s-c)}$$

其中 s = (a + b + c) /2

据此编写程序如下：

```
#include < math. h >/ * math. h 里包含要用到的求平方根的数学库函数 sqrt（ ） */
#include < stdio. h >
int main （ ）
{
    float a，b，c，s，area；
    scanf("%f,%f,%f"，&a，&b，&c)；/ * 输入三角形的三边长 */
    s = 1. 0/2 * (a + b + c)；
    area = sqrt(s * (s - a) * (s - b) * (s - c))；/ * 代入数学公式求出三角形的面积 */
    printf("a = %7. 2f,b = %7. 2f,c = %7. 2f\n"，a,b,c)；/ * 输出三角形的三边长 */
    printf （"area = %7. 2f \ n"，area)；/ * 输出三角形面积 */
    return 0；
}
```

由于程序中用到求平方根的数学函数 sqrt（），它包含在头文件"math. h"中。因此，在程序的开始应该用#include 命令把头文件"math. h"包含到程序中来。以后凡是在程序中要用到数学函数库中的函数，都应当包含"math. h"头文件。

运行时输入：

3，4，6↙

输出结果：

```
a = 3. 00，b = 4. 00，c = 6. 00
area = 5. 33
```

看起来程序没有任何问题，但如果我们修改一下输入内容：

2，3，6↙

输出结果：

```
a = 2. 00，b = 3. 00，c = 6. 00
area = − 1. #J
```

得到这样的结果是因为我们输入的三边长无法构成一个三角形，而单纯的顺序结构不能进行条件判断，只是机械的按照书写顺序去执行，我们只有输入正确的三边长时才能得到正确的结果。所以单纯的顺序结构很难完善的解决实际的问题，一个完善的程序通常需要三种结构的结合。

3.3 项目分析与实现

3.3.1 算法分析

我们来进行一个简单的加法运算，看看会有什么有趣的事情发生。算法如下：

（1）定义两个变量 a、b（用于存放两个运算数），一个变量 sum（用来存放两个运算数的和）；

（2）输入要计算的数值给变量 a、b 赋值；

（3）将 a、b 的和求出来赋值给 sum；

（4）输出 sum 的值。

程序流程图如图 3 − 2：

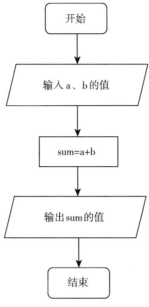

图 3-2 程序流程图

3.3.2 项目实现

源代码：

/ * 有趣的加法运算 * /
#include < stdio. h >
int main （ ）
　　{
　　　　int a，b，sum；/ * 定义变量 * /
　　　　printf （"请输入 a，b 的值：\ n"）；/ * 输出提示信息 * /
　　　　scanf （"%d,%d"，&a，&b）；/ * 接收数据给 a、b 赋值 * /
　　　　sum = a + b；/ * 计算 a 和 b 的和，并赋值给 sum * /
　　　　printf （"a = %d，b = %d \ n"，a，b）；/ * 输出变量 a、b 的值 * /
　　　　printf （"sum = %d \ n"，sum）；/ * 输出 sum 的值 * /
　　　　return 0；
　　}

运行结果：
（1）运行时输入：
1，2✓
输出结果：

```
a = 1，b = 2
sum = 3
```

跟我们设想的一样，结果没有任何问题。

（2）如果输入：

1 2 ↙

输出结果：

```
a = 1，b = -858993460
sum = -858993459
```

这就有点意思了，问题到底出在哪里呢？仔细看看 scanf 函数里面的格式控制，两个 % d 之间是用"，"间隔的，而我们输入的数据 1 和 2 之间却用了空格，这就导致变量 b 的值没有接收到。在我们没有给变量 b 赋值之前，它里面是一个不确定的值，最终导致了这样的结果。

（3）将变量定义：

int a，b，sum;

改成：

char a，b，sum;

运行时输入：

1，2 ↙

输出结果：

```
a = 1，b = 2
sum = 3
```

可以看出结果并没有什么变化。这是因为在字符型数据所能描述的范围内，字符型数据和整型数据是可以通用的。

（4）在（3）的基础上再把 scanf 函数：

scanf（"% d,% d"，&a，&b）;

改成：

scanf（"% c,% c"，&a，&b）;

运行时输入：

1，2 ↙

此时我们输入的是字符 '1' 和字符 '2'，在内存中存储的是它们的 ASCII

码值49和50。

输出结果：

```
a=49, b=50
sum=99
```

（5）将后面的输出：

printf（"a=%d, b=%d \ n", a, b）；
printf（"sum=%d \ n", sum）；

改成：

printf（"a=%c, b=%c \ n", a, b）；
printf（"sum=%c \ n", sum）；

运行时输入：

1，2↙
输出结果：

```
a=1, b=2
sum=c
```

请同学们自己分析一下原因到底是什么。怎么样？C语言里面的数据运算是不是很有意思？欢迎大家继续踊跃探索，你会有很多意想不到的发现。

3.4 知识拓展

3.4.1 数据类型相关知识

3.4.1.1 数据在内存中的存储形式

1. 整型数据在内存中存储形式

整型数据在内存中是以补码形式表示的。补码的表示方法：

（1）正数的补码和原码相同。即直接转换成二进制，根据存储的位数在前面补零。例如：10转换成二级制数为1010，则10的补码表示为（以32位为例）：

00000000000000000000000000001010

（2）负数的补码：将该数绝对值的二进制形式按位取反再加1。

例如：求–10的补码。

①取绝对值：10

②转换成二进制：

00000000000000000000000000001010

③按位取反：

11111111111111111111111111110101

④加 1 得 – 10 的补码：

11111111111111111111111111110110

2. 浮点型数据在内存中的存储形式

浮点型数据在内存中按指数形式存储。例如，浮点数 3.1415 在内存中的
存放形式如下：

+	. 31415	1
数符	小数部分	指数部分

（1）小数部分占的位（bit）数越多，数的有效数字越多，精度越高。
（2）指数部分占的位数越多，则能表示的数值范围越大。
具体小数部分和指数部分各占多少，C 标准并无规定，这取决于使用的编
译系统。

3. 字符型数据在内存中的存储形式

字符型数据是以 ASCII 码的形式存放在内存单元之中的。这个我们前面
已经提到过。因为 ASCII 码值是整数，所以字符型数据和整型数据的存储形
式是一样的。因此，在字符型数据能描述的范围内（超出范围会出现数据
溢出），整型和字符型是通用的。也就是说，我们可以把一个字符型数据赋
值给一个整型变量，也可以把一个整型数据赋值给一个字符型变量；输出时
可以直接输出字符，也可以输出它的 ASCII 码值，具体取决于所选的格式
字符。

3.4.1.2 类型转换

三种基本数据类型之间是可以相互转换的。转换的方法有两种，一种是自
动（隐式）转换，一种是强制（显式）转换。

1. 自动（隐式）转换

自动转换发生在不同数据类型的量混合运算时，由编译系统自动完成。自
动转换遵循以下规则：

（1）若参与运算量的类型不同，则先转换成同一类型，然后进行运算。
（2）转换按数据长度增加的方向进行，以保证精度不降低。如 int 型和
long 型运算时，先把 int 量转成 long 型后再进行运算。
（3）所有的浮点运算都是以双精度进行的，即使仅含 float 单精度量运算
的表达式，也要先转换成 double 型，再作运算。
（4）char 型和 short 型参与运算时，必须先转换成 int 型。图 3-3 表示了

类型自动转换的规则,其中由右至左为必定的转换,由下往上的级别由低到高,低级别跟高级别混合运算时会先转换成高级别的再运算。

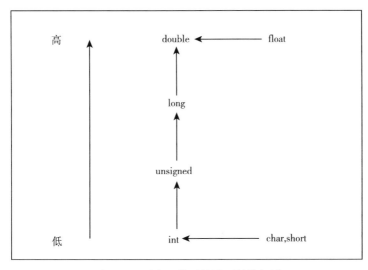

图 3-3 混合运算时的类型转换规则

另外,在赋值运算中,赋值运算符两边的数据类型不同时,系统将自动进行类型转换,即把赋值运算符右边的类型换成左边的类型。如果右边的数据类型长度比左边长时,将丢失一部分数据,这样会降低精度。具体规定如下:

(1) 浮点型赋予整型时,舍去小数部分。

(2) 整型赋予浮点型时,数值不变,但将以浮点形式存放,即增加小数部分(小数部分的值为 0)。

(3) 字符型赋予整型时,由于字符型为 1 个字节,而基本整型为 4 个字节,故将字符的 ASCII 码值放到整型量的低八位中,高位补 0。

(4) 整型赋予字符型时,只把低八位赋予字符型数据。

【例 3.7】数据混合运算。

```c
#include < stdio. h >
int main ( )
{
float PI = 3. 14159f;
int s, r = 5;
s = r * r * PI;
printf ( "s = % d \ n", s);
return 0;
}
```

输出结果：

s = 78

本例中，PI 为 float 型，s、r 为整型。在执行 s = r * r * PI 语句时，r 和 PI 都转换成 double 型计算，表达式 r * r * PI 的结果也为 double 型。但由于 s 为整型，故赋值结果仍为整型，舍去了小数部分。注意，给变量 PI 赋的值是 3.14159f，表示这是一个 float 类型的数据。关于常量的分类，通常通过加不同的后缀来区分，说明如下：

（1）不加任何后缀的整型常量是 int 类型，长整型（long）需加后缀 L（或 l）。如，125 是 int 类型的，而 125L 是 long 型的。

（2）为了保证运算的精度，不加任何后缀的浮点型数据为 double 类型，float 类型需加后缀 f。如，3.14159 为 double 类型，而 3.14159f 为 float 类型。

2. 强制（显式）转换

强制类型转换即人为地将某类型转换为另一类型，是通过类型转换运算来实现的。

其一般形式为：

（类型说明符）（表达式）

其功能是把表达式的运算结果强制转换成类型说明符所表示的类型。

例如：

（float）a   把 a 转换为 float 类型
（int）（x + y）   把 x + y 的结果转换为 int 类型

在使用强制转换时应注意以下问题：

（1）类型说明符和表达式都必须加括号（单个变量或常量可以不加括号），如把（int）（x + y）写成（int）x + y 则成了把 x 转换成 int 型之后再与 y 相加。

（2）强制转换只是为了本次运算的需要而对变量的数据长度进行临时性转换，不改变数据说明时对该变量定义的类型。

【例 3.8】强制类型转换。

```c
#include < stdio. h >
int main ( )
{
    double x = 3.6;
    int y;
    y = (int) x;
    printf ("x = % f, y = % d \ n", x, y);
    return 0;
}
```

运行结果：

$x = 3.600000，y = 3$

本例表明，强制转换只是借助 x 的值生成了一个 int 型的中间结果，而 x 本身的类型并不改变。因此，（int）x 的值为 3 （含去了小数部分）而 x 的值仍为 3.6。

3.4.1.3 符号常量

我们前面已经介绍过常量的概念，比如 15、3.6、'a' 等，这些都属于字面（直接）常量。字面常量通常很难理解它们所代表的含义，并且修改数据也会很麻烦。除了字面常量外，我们还可以用一个标识符来代表一个常量，我们称之为符合常量。

符号常量在使用之前必须先定义，其一般形式为：

#define 标识符 常量

其中#define 是一条预处理命令（预处理命令都以 "#" 开头），称为宏定义命令，其功能是把该标识符定义为其后的常量值。一经定义，以后在程序中所有出现该标识符的地方均代之以该常量值。习惯上符号常量的标识符用大写字母，变量标识符用小写字母，以示区别。

【例 3.9】符号常量的使用。

```
#include < stdio. h >
#define PRICE 30/ * 定义符合常量 PRICE 其值为 30 * /
int main （ ）
{
    int num，total；
    num = 10；
    total = num * PRICE；
    printf （"total = % d \ n"，total）；
    return 0；
}
```

运行结果：

total = 300

符号常量与变量不同，它的值在其作用域内不能改变，也不能再被赋值。使用符号常量的好处是：

（1）含义清楚。如上面的例子中，看到 PRICE 就能知道它代表价格，而如果只用字面常量 30 表示的话，我们就很难清除它的含义了。

（2）在需要改变常量的值时，能做到"一改全改"。尤其是当程序中多次用到同一个常量值时，只需改动符号常量定义时的值即可。如：

#define PRICE 35

在程序中所有以 PRICE 代表的价格就会全部自动改为35。

3.4.2　复合的赋值运算符

在基本赋值运算符"＝"之前加上算术运算符可构成复合的赋值运算符：

$$+ =,\ - =,\ * =,\ / =,\% =$$

例如：

a + ＝5　　　等价于 a＝a＋5

x * ＝y＋7　　等价于 x＝x *（y＋7）

m%＝n　　　等价于 m＝m%n

复合的赋值运算符这种写法，对初学者可能不习惯，但十分有利于编译处理，能提高编译效率并产生质量较高的目标代码。

复合的赋值运算符优先级同基本赋值运算符一样，位于14级，其结合性也是自右至左的。在赋值表达式求解的过程中，要注意变量的值是在不断发生变化的。例如，设变量 a 的初始值为3，求解下列表达式：

$$a + =a - =a$$

此表达式中共有两个运算符：＋＝和－＝，优先级相同，结合性自右至左，所以求解步骤如下：

（1）先求解 a－＝a，即 a＝a－a。代入初始值3，结果为0。

（2）再求解 a＋＝0，即 a＝a＋0。最终结果为0（a 的值和表达式的值都为0）。

3.4.3　逗号运算符

在 C 语言中逗号","也是一种运算符，称为逗号运算符。其功能是把两个表达式连接起来组成一个表达式，称为逗号表达式。逗号运算符的优先级是15级，即最低级别，结合性自左至右。

其一般形式为：

表达式1，表达式2

运算时先求解表达式1，再求解表达式2，并以表达式2的值作为整个逗号表达式的值。

例如：

```
int x, y;
y = (x = 3), x * 5;
```

先求解第一个表达式 y = (x = 3)，结果为 3（x、y、表达式的值都为 3）；再求解第二个表达式 x * 5，值为 15，整个逗号表达式的值为第二个（最后一个）表达式的值 15。因为第二个表达式里面并没有赋值，所以虽然整个逗号表达式的值为 15，但 x 和 y 的值仍为 3。

对于逗号表达式还要说明两点：

（1）逗号表达式一般形式中的表达式 1 和表达式 2 可以又是逗号表达式。例如：

表达式 1，（表达式 2，表达式 3）

形成了嵌套情形。因此可以把逗号表达式扩展为以下形式：

表达式 1，表达式 2，…，表达式 n

整个逗号表达式的值等于表达式 n（最后一个表达式）的值。

（2）程序中使用逗号表达式，通常是要分别求解逗号表达式内各表达式的值，并不一定要求整个逗号表达式的值。

另外，并不是在所有出现逗号的地方都组成逗号表达式，如在变量说明中，函数参数表中逗号只是用作各变量之间的间隔符。

小结

这部分为 C 语言的语法基础，内容比较繁琐，主要介绍了 C 语言中的数据类型、运算符与表达式、基本输入输出函数和顺序结构程序设计方法。学习的过程中重点把握以下几点：

1. 熟悉三种基本数据类型，能够正确定义和使用变量；
2. 掌握所学运算符的优先级与结合性，能够正确求解表达式；
3. 能够熟练运用 scanf 与 printf 函数输入输出数据；
4. 掌握顺序结构程序设计的方法。

习题 3

1. 选择题

（1）下列数据中正确的字符常量是（　　　）。

A. "a"　　　　　B. {ABC}　　　　　C. 'abc'　　　　　D. 'a'

（2）C 语言中的标识符只能由字母、数字和下划线三种字符组成，且第一个字符（　　　）。

A. 必须为字母

B. 必须为下划线

C. 必须为字母或下划线

D. 可以是字母、数字和下划线中的任意一种

(3) 在 PC 机中，'\n' 在内存占用的字节数是（　　　）。

A. 1　　　　　B. 2　　　　　C. 3　　　　　D. 4

(4) 若以下变量均是整型，且 num = sum = 7；则计算表达式 sum = num + + 后 sum 的值为（　　　）。

A. 7　　　　　B. 8　　　　　C. 9　　　　　D. 10

(5) 以下叙述正确的是（　　　）

A. 在 C 程序中，每行中只能写一条语句

B. 若 a 是浮点型变量，C 程序中允许赋值 a = 10，因此浮点型变量中允许存放整型数

C. 在 C 语程序中，无论是整数还是浮点数，都能被准确无误地表示

D. 在 C 程序中，% 是只能用于整数运算的运算符

(6) char 型数据在内存中存放的是（　　　）。

A. ASCII 代码值　　　　　　　　B. BCD 代码值

C. 内码值　　　　　　　　　　　D. 十进制代码值

(7) 若有定义：int a = 7；double x = 2.5, y = 4.7；则表达式 x + a%3 * (int) (x + y)%2/4 的值是（　　　）。

A. 2.5　　　　B. 2.75　　　　C. 3.5　　　　D. 0.0

(8) 已有如下定义和输入语句，若要求 a1, a2, c1, c2 的值分别为 10, 20, A 和 B，当从第一列开始输入数据时，正确的数据输入方式是（　　　）（注：□表示空格，< CR > 表示回车）int a1, a2; char c1; c2; scanf（"% d% c% d% c", &a, &c1, &a2, &c2）;

A. 10A20B < CR >　　　　　　　B. 10□A□20□B < CR >

C. 10□A20B < CR >　　　　　　D. 10A20□B < CR >

(9) 设 a 为 2，执行下列语句后，b 的值不为 0.5 的是（　　　）。

A. b = 1.0/a　　　　　　　　　B. b = (float) (1/a)

C. b = 1/ (float) a　　　　　　D. b = 1/ (a * 1.0)

(10) 假设所有变量均为整型，则逗号表达式（a = 2, b = 5, b + +, a + b) 的值是（　　　）。

A. 7　　　　　B. 8　　　　　C. 6　　　　　D. 2

2. 填空题

(1) 设 n = 10, i = 4，则赋值表达式 n% = i + 1 执行后 n 的值

是_____。

（2）程序的三种基本结构是顺序结构、_____和_____。

（3）C语言本身没有输入输出语句，所有数据的输入输出都是由_____完成的。

（4）若字符变量x的值为'D'，语句printf（"%d"，x）；的输出结果为_____。

（5）C语言的字符串常量是用_____括起来的字符序列。

（6）C语句的结束标志是_____。

（7）表达式10+'a'+1.5-0.5*'B'的结果是_____类型的数据。

（8）下面程序段的输出结果是_____。

float x; int i;

x=3.6; i=（int）x；

printf（"x=%f, i=%d"，x, i）。

3. 编程题

（1）设圆半径为r，圆柱高为h，求圆球表面积，圆球体积，圆柱体积。要求圆半径r和圆柱h由用户通过键盘输入，输出时要有文字说明，小数点后保留2位。

（2）输入一个华氏温度，转换成摄氏温度输出。转换公式为：

$$c=5（F-32）÷9$$

输出时要求有文字说明，小数点后保留2位。

项目四 简易计算器
——选择结构程序设计

● **教学目标**

➤ 正确使用关系运算和逻辑运算;

➤ 熟练掌握 if-else 的三种语法;

➤ 理解 switch 与 break 语句的作用。

4.1 项目描述

设计一个简易计算器,能够对整数进行简单的"加、减、乘、除"运算。要求界面友好,通过用户的选择进行相应的计算,并输出计算结果。

运行结果:

```
----------简易计算器----------
        1. 加法
        2. 减法
        3. 乘法
        4. 除法
请选择要进行的运算: 4
请输入两个运算对象: 25 5
25/5 = 5
```

```
----------简易计算器----------
        1. 加法
        2. 减法
        3. 乘法
        4. 除法
请选择要进行的运算: 4
请输入两个运算对象: 5 0
除数不能为零!
```

```
--------简易计算器--------
        1. 加法
        2. 减法
        3. 乘法
        4. 除法
请选择要进行的运算: 2
请输入两个运算对象: 32 45
32 - 45 = -13
```

4.2　相关知识

4.2.1　关系运算与逻辑运算

1. 关系运算

在程序中经常需要比较两个量的大小关系，以决定程序下一步的工作。比较两个量的运算符称为关系运算符。

（1）关系运算符及其优先次序

在 C 语言中有以下关系运算符：

① <　　小于　　⎫
② <=　　小于或等于　⎬优先级相同（高）
③ >　　大于　　⎪
④ >=　　大于或等于　⎭

⑤ ==　　等于　　⎫优先级相同（低）
⑥ !=　　不等于　⎭

关系运算符都是双目运算符，其结合性均为左结合。在六个关系运算符中，<，<=，>，>= 的优先级相同，高于 == 和 != ，== 和 != 的优先级相同。

关系运算符的优先级低于算术运算符，高于赋值运算符。

（2）关系表达式及其计算

用关系运算符将两个数值或数值表达式连接起来的式子，称关系表达式。其一般形式为：

$$表达式　关系运算符　表达式$$

例如：$a+b>c-d$，$x>3/2$，$'a'+1<c$，$-i-5*j==k+1$ 都是合法的关系表达式。其中，表达式也可以又是关系表达式，因此允许出现嵌套的情况。例如：$a>(b>c)$，$a!=(c==d)$ 等。

关系表达式的值为"真"或"假",在 C 语言编译系统中分别用"1"和"0"表示。

例如:

关系表达式"5 > 0"的值为"真",表达式的值为 1。

关系表达式"(a = 3) > (b = 5)"的值为"假",表达式的值为 0。

【例 4.1】

```
#include < stdio. h >
int main ( )
{
    char c = ' k ';
    int i = 1, j = 2, k = 3;
    float x = 3e + 5, y = 0. 85;
    printf ("% d,% d \ n", 'a' + 5 < c, - i - 2 * j > = k + 1);
    printf ("% d,% d \ n", 1 < j < 5, x - 5. 25 < = x + y);
    printf ("% d,% d \ n", i + j + k = = - 2 * j, k = = j = = i + 5);
    return 0;
}
```

程序运行结果:

```
1, 0
1, 1
0, 0
```

在本例中求出了各种关系运算符的值。字符变量是以它对应的 ASCII 码参与运算的。对于含多个关系运算符的表达式,如 k = = j = = i + 5,根据运算符的左结合性,先计算 k = = j,该式不成立,其值为 0,再计算 0 = = i + 5,也不成立,故表达式值为 0。

2. 逻辑运算

(1) 逻辑运算符及其优先级

C 语言中提供了三种逻辑运算符:

① && 逻辑与运算

② ‖ 逻辑或运算

③ ! 逻辑非运算

逻辑与运算"&&"和逻辑或运算"‖"为双目运算符,左结合性。逻辑非运算"!"为单目运算符,右结合性。

逻辑运算符和其他运算符优先级的关系如图 4 - 1 所示:

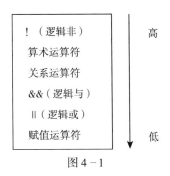

图 4 - 1

"&&"和"‖"低于关系运算符，"!"高于算术运算符。

按照运算符的优先顺序可以得出：

a > b&&c > d　　　　　等价于　(a > b) && (c > d)

! b == c‖d < a　　　　　等价于　((! b) == c) ‖ (d < a)

a + b > c&&x + y < b　　等价于　((a + b) > c) && ((x + y) < b)

（2）逻辑表达式及其计算

逻辑表达式的一般形式为：

　　　　　　　　表达式　　逻辑运算符　　表达式

逻辑运算的值为"真"或"假"，分别用"1"和"0"来表示。但在判断一个表达式是否为"真"时，数值型数据以 0 代表"假"，以非 0 代表"真"，字符型数据的'\0'与指针型数据的"NULL"均表示"假"。

其求值规则如下：

①逻辑与运算 &&：参与运算的两个量都为真时，结果才为真，否则为假。

一般形式为：a&&b

其流程图如图 4 - 2 所示：

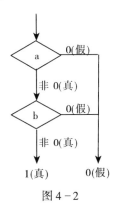

图 4 - 2

例如：

20&&3 值为 1。

（a＝2）&&（b＝0）值为 0。

5＞0&&4＞2 值为 1。

②逻辑或运算‖：参与运算的两个量只要有一个为真时，结果就为真。两个量都为假时，结果为假。

一般形式为：a‖b

其流程图如图 4－3 所示：

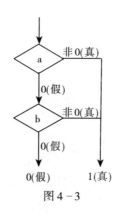

图 4－3

例如：

0‖4 值为 1。

5＞10‖5＜8 值为 0。

③非运算！：参与运算量为真时，结果为假；参与运算量为假时，结果为真。

例如：

！（5＞0）值为 0。

！0 值为 1。

4.2.2 if 语句

if 语句是条件选择语句，它通过对给定条件的判断来决定所要执行的操作。

1. 单分支 if 语句

一般格式：if（表达式）语句；

功能：如果表达式的值为"真"，则执行语句。如果表达式的值为"假"，则直接跳转到 if 语句的下一条语句去执行。其流程图如图 4－4 所示。

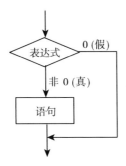
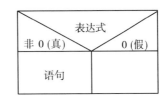

图 4 - 4

【例 4.2】输入两个整数，输出两个数中的最大值。

解题思路：采用"打擂台"算法，此算法适合求若干个数中的最大值或最小值。假定第一个数为最大值，将其赋值给 max，如果 max 小于第二个数，则用第二个数重新对 max 赋值，最后 max 中存储的即为两个数的最大值。

其 N - S 流程图如图 4 - 5 所示。

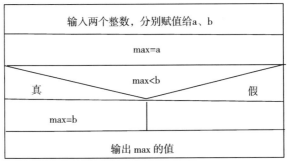

图 4 - 5

代码实现：

```
#include < stdio. h >
int main（ ）
{
    int a, b, max;
    printf（" \ ninput two numbers：    "）;
    scanf（"% d% d", &a, &b）;
    max = a;
    if（max < b） max = b;
        printf（"max = % d \ n", max）;
    return 0;
}
```

程序运行结果：

input two numbers：34 88
max = 88

2. 双分支 if 语句

一般格式：

if（表达式）　　　语句1；

else　　　　　　　语句2；

功能：如果表达式的值为真，则执行语句1，否则执行语句2。其流程图如图4-6所示。

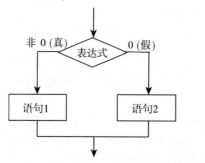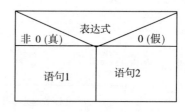

图4-6

例：使用双分支 if 语句实现【例4.2】。

解题思路：依然使用变量 a、b 和 max。如果 a > b，则将 a 的值赋值给 max，否则，将 b 的值赋值给 max。其 N-S 流程图如图4-7所示：

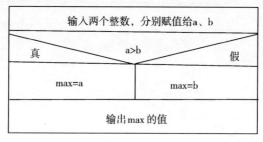

图4-7

代码实现

```c
#include < stdio. h >
int main  (  )
{
    int a,  b,  max;
    printf  ("input two numbers:");
    scanf  ("% d% d", &a,  &b);
```

```
if (a > b)
    max = a;
else
    max = b;
printf ("max = % d \ n", max);
return 0;
}
```

程序运行结果：

> input two numbers：34 88
> max = 88

3. if-else-if 形式

前二种形式的 if 语句一般都用于两个分支的情况。当有多个分支选择时，可采用 if-else-if 语句，其一般形式为：

if（表达式1） 语句1；
else if（表达式2） 语句2；
   else if（表达式3） 语句3；
     ……
      else if（表达式m） 语句m；
      else 语句 m + 1；

功能：从表达式1的值开始进行判断，当出现某个表达式的值为真时，则执行其对应的分支语句，然后跳出整个 if 语句，执行后续语句。若所有表达式的值都为"假"，则执行语句 m + 1。其执行过程如图4-8所示：

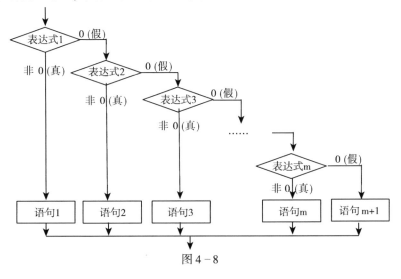

图 4-8

【例 4.3】有一函数：$y = \begin{cases} -1 & (x < 0) \\ 0 & (x = 0), \\ 1 & (x > 0) \end{cases}$ 设计一程序，从键盘输入一个 x

值，输出相应的 y 值。

解题思路：用 if 语句检查 x 的值，根据 x 的值确定 y 应该得到的值。由于 y 可能得到的值不止两个，因此可以考虑使用 if-else-if 结构的语句实现。其流程图如图 4−9 所示：

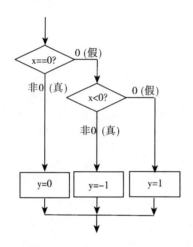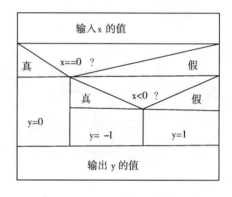

图 4−9

程序代码：

```c
#include < stdio. h >
int main ( )
{
    int x, y;
    printf ("Please input x:");
    scanf ("%d", &x);
    if (x ==0) y =0;
    else if (x <0) y = -1;
        else y =1;
    printf ("y = %d \ n", y);
    return 0;
}
```

程序运行结果：

```
Please input x：45
y = 1
```

```
Please input x: 0
y = 0
```

```
Please input x: -9
y = -1
```

此外，本题也可以使用独立的 if 语句处理，其算法如下：

输入 x 的值

若 x < 0，则 y = -1

若 x = 0，则 y = 0

若 x > 0，则 y = 1

输出 y

程序代码：

```
#include < stdio. h >
int main ( )
{
    int x, y;
    printf ("Please input x:");
    scanf ("% d", &x);
    if (x < 0) y = -1;
    if (x == 0) y = 0;
    if (x > 0) y = 1;
    printf ("y = % d \ n", y);
    return 0;
}
```

注意：

（1）在三种形式的 if 语句中，在 if 关键字之后均为表达式。该表达式通常是逻辑表达式或关系表达式，但也可以是其他表达式，如赋值表达式等，甚至也可以是一个变量。

例如：

if (a = 5) 语句；

if (b) 语句；

都是允许的。只要表达式的值为非 0，即为"真"，都会执行后边的语句。如，

if (a = 5) …；

表达式的值永远为非 0，所以其后的语句总是要执行的，当然这种情况在程序中不一定会出现，但在语法上是合法的。

又如，有程序段：

```
if (a = b)
    printf ("%d", a);
else
    printf ("a = 0");
```

本语句的语义是，把 b 值赋予 a，如为非 0 则输出该值，否则输出 "a = 0" 字符串。这种用法在程序中是经常出现的。

（2）在 if 语句中，条件判断表达式必须用括号括起来，在语句之后必须加分号。

（3）在 if 语句的三种形式中，所有的语句应为单个语句，如果要想在满足条件时执行一组（多个）语句，则必须把这一组语句用 { } 括起来组成一个 "复合语句"。但要注意的是在} 之后不能再加分号。

例如：

```
if (a > b)
    {a ++; b ++;}
else
    {a = 0; b = 10;}
```

4.2.3 switch 语句

C 语言还提供了另一种用于多分支选择的 switch 语句，其一般形式为：

```
switch (表达式) {
    case 常量表达式1: 语句1;
    case 常量表达式2: 语句2;
    ……
    case 常量表达式 n: 语句 n;
    default: 语句 n + 1;
}
```

功能：计算表达式的值，并逐个与其后的常量表达式值相比较，当表达式的值与某个常量表达式的值相等时，即执行其后的语句，然后不再进行判断，继续执行后面所有 case 后的语句，直到遇到 break 语句或 switch 语句执行结束。如表达式的值与所有 case 后的常量表达式均不相同时，则执行 default 后的语句。

switch 语句的执行过程如图 4 - 10 所示：

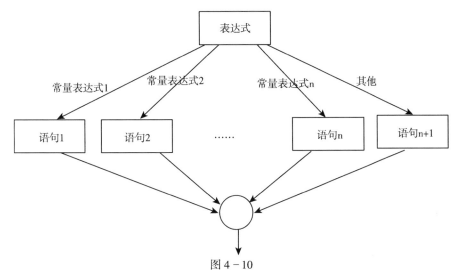

图 4-10

【例 4.4】从键盘上输入一个月份，显示该月份的英文名称。

解题思路：一年有 12 个月份，此题需要设定 12 个分支，月份用 1、2、3……12 表示，所以我们可以依据用户输入的月份值作为 case 的标号。

程序代码：

```
#include < stdio. h >
int main ( )
{
    int month；
    printf（"Please input month："）；
    scanf（"% d"，&month）；
    switch（month）
    {
        case 1：printf（"January"）；break；
        case 2：printf（"February"）；break；
        case 3：printf（"March"）；break；
        case 4：printf（"April"）；break；
        case 5：printf（"May"）；break；
        case 6：printf（"June"）；break；
        case 7：printf（"July"）；break；
        case 8：printf（"August"）；break；
        case 9：printf（"September"）；break；
        case 10：printf（"October"）；break；
        case 11：printf（"November"）；break；
        case 12：printf（"December"）；break；
        default：printf（"Data Error！"）；
```

```
    }
    printf ("\n");
    return 0;
}
```

程序运行结果：

```
Please input month：6
June
```

```
Please input month：12
December
```

注意：

（1）在 case 后的常量表达式，只是起到标记作用，并不在此进行条件检查。其值必须互不相同，否则会出现错误。

（2）在 case 后，允许有多个语句，可以不用 { } 括起来。

（3）多个 case 可以共用一组执行语句。例如：

......

```
case 4：
case 5：
case 6：printf ("HELLO!")；break；
```

......

（4）各 case 和 default 子句的先后顺序可以变动，而不会影响程序执行结果。

（5）default 子句可以省略不用，此时如果没有与 switch 表达式相匹配的 case 常量，则不执行任何语句，流程跳转到 switch 语句的下一个语句。

（6）break 语句用在 switch 语句中，用于跳出 switch 语句。

4.3　项目分析与实现

设计一个简易计算器，能够对整数进行简单的"加、减、乘、除"运算。要求界面友好，通过用户的选择进行相应的计算，并输出计算结果。

4.3.1　算法分析

此项目设计简单的计算器，为了提高用户界面的友好性，设计计算器菜单，便于用户进行选择。本例中的四种运算皆为双目运算，故需要设定两个变量 num1、num2 用来存储运算对象，还需要设定存储计算结果的变量 result。除此以外，还需要设定接收用户选择的变量 select。根据用户的选择，设定不同的执行分支，因此可以选择使用 switch 语句，其中 switch 表达式可以设定为 select。

算法思想步骤：

（1）输出菜单选项；

（2）选择要进行的计算；

（3）输入两个运算对象的值；

（4）根据 select 的值进行分支选择：①若为 1，进行加法运算并输出；②若为 2，进行减法运算并输出；③若为 3，进行乘法运算并输出；④若为 4，需先判定 num2 的值是否合法，如果不合法则输出提示信息，同时跳出 switch 语句，否则进行除法运算并输出；⑤若选择错误，则输出提示信息。

4.3.2　项目实现

源代码：

```
#include < stdio. h >
int main ( )
{
    int num1 = 0, num2 = 0, result = 0, select = 0;
    printf ( "…………简易计算器…………\ n" );
    printf ( "\ t1. 加法 \ n\ t2. 减法 \ n\ t3. 乘法 \ n\ t4. 除法 \ n" );
    printf ( "请选择要进行的运算:" );
    scanf ( "% d", &select );
    printf ( "请输入两个运算对象:" );
    scanf ( "% d% d", &num1, &num2 );
    switch ( select )
    {
    case 1: result = num1 + num2;
        printf ( "% d + % d = % d \ n", num1, num2, result );
        break;
    case 2: result = num1 - num2;
        printf ( "% d - % d = % d \ n", num1, num2, result );
        break;
    case 3: result = num1 * num2;
        printf ( "% d * % d = % d \ n", num1, num2, result );
        break;
    case 4: if ( num2 == 0 ) { printf ( "除数不能为零! \ n" ); break; }
        result = num1/num2;
        printf ( "% d/% d = % d \ n", num1, num2, result );
        break;
```

```
    default：printf（"选择错误！\ n"）；
    }
    return 0；
}
```

运行结果：

```
----------简易计算器----------
    1. 加法
    2. 减法
    3. 乘法
    4. 除法
请选择要进行的运算：4
请输入两个运算对象：25 5
25/5 = 5
```

```
----------简易计算器----------
    1. 加法
    2. 减法
    3. 乘法
    4. 除法
请选择要进行的运算：4
请输入两个运算对象：5 0
除数不能为零！
```

```
----------简易计算器----------
    1. 加法
    2. 减法
    3. 乘法
    4. 除法
请选择要进行的运算：2
请输入两个运算对象：32 45
32 - 45 = - 13
```

分析总结：

通过本项目的分析与学习，大家在以后的程序设计中要考虑到用户界面的设计。再者，本项目是典型的多分支的选择结构，使用 switch 语句相对方便简洁。当然，所有的多分支选择结构都可以转换为 if-else 结构。

本例主要程序段可修改为：

```
if (select == 1)
    { result = num1 + num2;
      printf ("%d + %d = %d \ n", num1, num2, result);}
else if (select == 2)
    { result = num1 - num2;
      printf ("%d - %d = %d \ n", num1, num2, result);}
  else if (select == 3)
      { result = num1 * num2;
        printf ("%d * %d = %d \ n", num1, num2, result);}
    else if (select == 4)
        if (num2 == 0) printf ("除数不能为零! \ n");
        else { result = num1/num2;
            printf ("%d/%d = %d \ n", num1, num2, result);}
      else printf ("选择错误! \ n");
```

4.4　知识拓展

4.4.1　条件运算符与条件表达式

如果在条件语句中，只执行单个的赋值语句，常可使用条件表达式来实现。不但使程序简洁，也提高了运行效率。

条件运算符为? 和:，它是一个三目运算符，即有三个参与运算的量。

条件表达式的一般形式为：

表达式1?　表达式2：表达式3

功能：先求解表达式1，若其值为真，则以表达式2的值作为条件表达式的值，否则以表达式3的值作为整个条件表达式的值。

执行流程如图4-11所示：

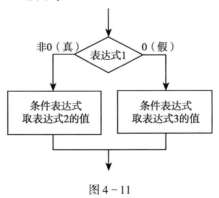

图4-11

条件表达式通常用于赋值语句之中。

例如：

if (a > b) max = a;　　可以转换为
else max = b;　　　　——————————→ max = (a > b)? a:b;

执行该语句的语义是：若 a > b 为真，则把 a 的值赋给 max，否则把 b 的值赋给 max。

注意：

（1）条件运算符? 和：是一对运算符，不能分开单独使用。

（2）条件运算符的运算优先级低于关系运算符和算术运算符，但高于赋值符。

因此

max = (a > b)? a:b;　　可以去掉括号
　　　　　　　　　　——————————→ max = a > b? a:b;

（3）条件运算符的结合方向是自右至左。

例如：

a > b? a:c > d? c:d

应理解为：

a > b? a:(c > d? c:d)

本例即是条件表达式嵌套的情形，即其中的"表达式2"和"表达式3"又可以是一个条件表达式。

（4）也以不把条件表达式的值赋予一个变量。表达式加一个分号，就成为一个独立的语句。例如：

max = a > b? a:b;

可以写成

a > b? (max = a):(max = b);

又如：

a > b? printf ("%d", a): printf ("%d", b);

即"表达式2"和"表达式3"不仅可以是数值表达式，还可以是赋值表达式或函数表达式。

【例4.5】从键盘输入一个字符，判断其是否为大写字母，如果是，则将其转换为小写字母，否则，不转换。最后输出得到的字符。

解题思路：本例中需要先判定是否是大写字母，可以使用逻辑表达式"ch > 'A'&&ch < 'Z'"作为判定条件，如果此条件满足，则需要进行转换。

程序代码：

```
#include < stdio. h >
int main ( )
{
    char ch;
    printf ( "Please input a character:" );
    scanf ( "%c", &ch );
    ch = ( ch > 'A'&&ch < 'Z')? ( ch +32): ch;
    printf ( "%c \ n", ch );
    return 0;
}
```

运行结果：

```
Please input a character: a
a
```

```
Please input a character: G
g
```

4.4.2 逻辑表达式的计算

在逻辑表达式的求解中，并不是所有的逻辑运算符都会被计算，只有在必须执行下一个逻辑运算符才能求出表达式的值时，才执行该运算。

1. a&&b&&c

执行过程：只有表达式 a 为真时，才需要判断表达式 b 的值。只有表达式 a 和 b 都为真时，才需要判断表达式 c 的值。若 a 为假，则直接判定逻辑表达式的值为 0。若 a 为真，b 为假，则不再判断表达式 c，逻辑表达式的值为 0。

其执行流程如图 4 - 12 所示。

2. a‖b‖c

只要表达式 a 为真，则不去判断表达式 b 和 c，逻辑表达式的值为 1。只有 a 为假，才去判断 b。只有 a 和 b 都为假，才会去判断 c。

其执行流程如图 4 - 13 所示。

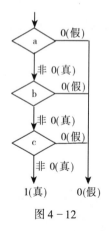

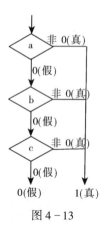

图 4 - 12   图 4 - 13

【例 4.6】分析程序的执行结果。

```
#include < stdio. h >
int main (  )
{
    int i, j, k;
    i = 1, j = 1, k = 1;
    printf ("初始: i = 1, j = 1, k = 1 \ n");
    printf ("表达式\ "i -- && -- j&& -- k\ "的值: % d \ n", i -- && -- j&& -- k);
    printf ("执行后: i = % d, j = % d, k = % d \ n", i, j, k);
    printf ("表达式\ " ++i ‖ ++j ‖ ++k \ "的值:% d \ n", ++i ‖ ++j ‖ ++k);
    printf ("执行后: i = % d, j = % d, k = % d \ n", i, j, k);
    printf ("表达式\ "i -- ‖ j++&& ++k \ "的值:% d \ n", i -- ‖ j++&& ++k);
    printf ("执行后: i = % d, j = % d, k = % d \ n", i, j, k);
    return 0;
}
```

程序运行结果:

> 初始: i = 1, j = 1, k = 1
> 表达式"i -- && -- j&& -- k"的值: 0
> 执行后: i = 0, j = 0, k = 1
> 表达式" ++i ‖ ++j ‖ ++k"的值: 1
> 执行后: i = 1, j = 0, k = 1
> 表达式"i -- i ‖ j++&& ++k"的值: 1
> 执行后: i = 0, j = 0, k = 1

4.4.3 选择结构嵌套

当 if 语句中的执行语句又是 if 语句时，则构成了 if 语句嵌套的情形。

一般形式：

if（表达式）

    if 语句；

或者为

if（表达式）

    if 语句；

else

    if 语句；

在嵌套内的 if 语句可能又是 if-else 型的，这将会出现多个 if 和多个 else 重叠的情况，这时要特别注意 if 和 else 的配对问题。

例如：

if（表达式 1）

    if（表达式 2）

        语句 1；

    else

语句 2；

其中的 else 究竟是与哪一个 if 配对呢？

应该理解为：

if（表达式 1）

    if（表达式 2）

        语句 1；

    else

        语句 2；

还是应理解为：

if（表达式 1）

    if（表达式 2）

        语句 1；

else

    语句 2；

为了避免这种二义性，C 语言规定，else 总是与它前面最近的未配对 else 的 if 相匹配。因此对上述例子应按前一种情况理解。

【例 4.7】从键盘输入一年份，判断是否为闰年。

解题思路：闰年的判定条件是符合下面二者之一：①能被 4 整除，但不能被 100 整除；②能被 400 整除。设计 flag 作为标志变量，用来表示相应的年份是否为闰年。如果是闰年，flag 的值为 1，否则为 0。最后通过判定 flag 的值，输出是否是闰年的信息。

其执行流程如图 4 - 14 所示：

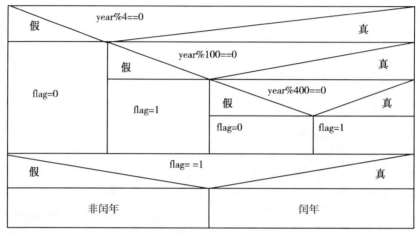

图 4 - 14

程序代码：

```c
#include < stdio. h >
int main ( )
{
    int year, flag;
    printf ("Enter year:");
    scanf ("%d", &year);
    if (year% 4 == 0)
        if (year% 100 == 0)
            if (year% 400 == 0)
                flag = 1;
            else flag = 0;
        else flag = 1;
    else flag = 0;
    if (flag)
        printf ("This is a leap year! \ n ");
    else
        printf ("This is not a leap year! \ n");
    return 0;
}
```

运行结果：

```
Enter year: 2008
This is a leap year!
```

```
Enter year: 1991
This is not a leap year!
```

同一个题，解题方法很多，我们也可以修改程序如下所示：

```
if (year%4!=0)
    flag=0;
else if (year%100!=0)
        flag=1;
    else if (year%400! 0)
            flag=0;
        else flag=1;
```

也可以使用逻辑表达式如下所示：

```
if (((year%4==0&&year%100!=0) ‖ year%400==0) flag=1;
else flag=0;
```

4.4.4 选择结构程序举例

关于选择结构的基本用法，我们已经介绍完成。下面再综合介绍几个包含选择结构的应用实例。

【例4.8】从键盘输入三个整数，按照由小到大的顺序输出。

解题思路：如果想要交换两个存储空间的值，必须借助第三个存储空间。此题设定 t 作为辅助存储空间。算法过程如下：

（1）如果 a>b，将 a 和 b 的值交换（保证 a 是 a、b 中的最小值）

（2）如果 a>c，将 a 和 c 的值交换（保证 a 是 a、c 中的最小值，这样，a 即为三者中的最小值）

（3）如果 b>c，将 b 和 c 的值交换（保证 b 是 b、c 中的最小值）

（4）顺序输出 a、b、c。

程序代码：

```
#include <stdio.h>
int main ()
{
    float a, b, c, t;
    printf ("Please input three numbers:");
```

```
scanf ("%f,%f,%f", &a, &b, &c);
if (a > b)      {t = a; a = b; b = t;}
if (a > c)      { t = a; a = c; c = t;}
if (b > c)      { t = b; b = c; c = t;}
printf ("%5.2f,%5.2f,%5.2f\n", a, b, c);
return 0;
}
```

运行结果：

Please input：78.5，66，4.78
4.78，66.00，78.50

【例4.9】给出一百分制成绩，要求输出成绩等级 'A'、'B'、'C'、'D'、'E'。90 分以上为 'A'，80~89 分为 'B'，70~79 分为 'C'，60~69 分为 'D'，60 分以下为 'E'。

解题思路：本题可以使用 if-else 结构实现，也可以使用 switch 语句实现。如果使用多分支选择结构，那么我们需要考虑 switch 表达式的设定。例，80~89 区间所有的值都是同一等级，这些数据的特点是除以 10 都得 8。以此，我们可以想到先对输入的分值进行计算，然后用计算结果作为 case 标号。

程序代码：

```
#include < stdio. h >
int main ( )
{
    float score;
    int t;
    printf ("Please input a score:");
    scanf ("%f", &score);
    t = (int) score/10;
    switch (t) {
    case 0:
    case 1:
    case 2:
    case 3:
    case 4:
    case 5: printf ("The garde is：E. \n"); break;
    case 6: printf ("The garde is：D. \n"); break;
    case 7: printf ("The garde is：C. \n"); break;
    case 8: printf ("The garde is：B. \n"); break;
    case 9:
```

```
    case 10: printf ("The garde is: A. \ n"); break;
    }
    return 0;
}
```

程序运行结果：

```
Please input a score: 57
The garde is: E.
```

```
Please input a score: 87.5
The garde is: B.
```

小结

本章介绍了关系运算符和关系表达式、逻辑运算符和逻辑表达式、if 语句和 switch 语句。其中逻辑值的概念、if 语句的嵌套和 switch 语句是难点。并且结合典型例题，分析了多种结构的实际应用。

通过例题分析，我们可以总结以下几点：

（1）if 语句主要用于单分支的选择结构；

（2）if-else 语句主要用于双分支的选择结构；

（3）if-else-if 语句和 switch 语句主要用于多分支的选择结构；

（4）switch 语句只能用来实现以相等关系作为选择条件的选择结构。

习题 4

1. 填空题

（1）在 C 语言中，表示逻辑"真"用_____。

（2）设 y 为 int 型变量，请写出描述"y 是奇数"的表达式_____。

（3）C 语言提供的三种逻辑运算符是_____、_____、_____。

（4）设 x，y，z 均为 int 型变量，请写出描述"x 或 y 中有一个小于 z"的表达式_____。

（5）设 int x，y，z；请写出描述"x，y 和 z 中有两个为负数"的表达式_____。

（6）已知 $A = 7.5$，$B = 2$，$c = 3.6$，表达式 $A > B \&\& C > A \parallel A < B \&\& ! C > B$ 的值是_____。

（7）若 $a = 6$，$b = 4$，$c = 2$，则表达式 $!(a - b) + c - 1 \&\& b + c/2$ 的值

是_____。

（8）若 a = 2，b = 4，则表达式（x = a）‖（y = b）&&0 的值是_____。

（9）若 a = 1，b = 4，c = 3，则表达式！（a < b）‖！c&&1 的值是_____。

（10）若 a = 6，b = 4，c = 3，则表达式 a&&b + c ‖ b - c 的值是_____。

2. 程序分析

（1）下列程序的运行结果为_____。

```
#include < stdio. h >
int main （ ）
{
    int a = 3，b = 8，c = 9，d = 2，e = 4;
    int min;
    min = （a < b）? a: b;
    min = （min < c）? min: c;
    min = （min < d）? min: d;
    min = （min < e）? min: e;
    printf （"min is % d. \ n"，min）;
    return 0;
}
```

（2）若输入 3，4 < 回车 >，下列程序的运行结果为_____。

```
#include < stdio. h >
int main （ ）
{
    int a，b，c;
    printf （"Input a, b:"）;
    scanf （"% d,% d"，&a，&b）;
    if （a >= b） {
        c = a * b;
        printf （"% d * % d = % d \ n"，a，b，c）;}
    else {
        c = a/b;
        printf （"% d/% d = % d \ n"，a，b，c）;}
    return 0;
}
```

（3）下列程序的运行结果为_____。

```
#include < stdio. h >
int main （ ）
{
```

```
int x = 1, y = 0, a = 0, b = 0;
switch (x)
{case 1: switch (y) {
        case 0: a ++; break;
        case 1: b ++; break;}
case 2: a ++;
        b ++;
        break;
}
printf ("a = % d, b = % d \ n", a, b);
return 0;
}
```

3. 程序设计题

（1）解方程 $ax^2 + bx + c = 0$

从代数知识可知：

①若 $b^2 - 4ac > 0$，有两个不等的实根；

②若 $b^2 - 4ac = 0$，有两个相等的实根；

③若 $b^2 - 4ac < 0$，有两个虚根。

（2）给一个不多于 5 位的正整数，要求：

①求出它是几位数；

②分别输出每一位数字；

③按逆序输出各位数字，例如原数为 123，应输出 321。

（3）输入 4 个整数，按由大到小的顺序输出。

（4）高速公路超速处罚：按照规定，在高速公路上行驶的机动车，超出本车道限速的 10% 则处 200 元罚款；若超出 50%，就要吊销驾驶证。请编写程序根据车速和限速自动判断对该机动车的处理。

（5）出租车计价：某城市普通出租车收费标准如下：起步里程为 3 公里，起步费 6 元；超过起步里程后 10 公里内，每公里 2 元；超过 10 公里以上的部分加收 50% 的空驶补贴费，即每公里 3 元；营运过程中，因路阻及乘客要求临时停车的，按每 10 分钟 2 元计收（不足 10 分钟则不收费）。运价计费位数四舍五入，保留到元。编写程序，输入行车里程（公里）与等待时间（分钟），计算并输出乘客应支付的车费（元）。

项目五　猜数游戏
——循环结构程序设计

● **教学目标**

➤ 掌握 for、while、do-while 语句的使用方法；

➤ 了解 break、continue 在循环语句中的作用；

➤ 掌握循环嵌套的用法；

➤ 掌握循环结构程序设计方法。

5.1　项目描述

设计简单的猜数字游戏。输入你所猜的整数（假定在 1～100 之间），与计算机产生的被猜数比较，若相等，显示猜中；若不等，显示与被猜数的大小关系，最多允许猜 7 次。

提示：库函数 rand（ ），是 C 的一个数学函数，其功能是让计算机随机产生 -90～32767 间的随机整数，使用时需包含头文件 stdlib. h，其函数原型 int rand（void）。使用方法：需要先调用 srand（ ）函数进行初始化，一般用当前日历时间初始化随机数种子，这样每次可以产生不同的随机数。使用 time（ ）函数来获得系统时间，需包含头文件 time. h。

运行结果：

```
----------猜数字游戏----------
游戏规则：
         输入 1～100 之间的一个整数
         根据系统提示进行大小的修改
         如果 7 次均为猜中，游戏结束！
Enter your number：_
```

```
Enter your number：56
Too small！
Enter your number：78
Too small！
```

```
Enter your number: 89
Too big!
Enter your number: 88
Lucky You!
```

```
Enter your number: 56
Too big!
Enter your number: 45
Too big!
Enter your number: 34
Too big!
Enter your number: 23
Too big!
Enter your number: 12
Too big!
Enter your number: 11
Too big!
Enter your number: 10
Too big!
Game Over!
```

5.2　相关知识

循环结构是结构化程序设计中经常使用的一种基本结构。根据构成循环的形式，循环结构可以分为当型循环与直到型循环两种基本形式，它们的共同特点是：根据某个条件来决定是否反复执行某程序段。其中，给定的条件称为"循环条件"，反复执行的程序段称为"循环体"。C 语言提供了多种循环语句，可以组成各种不同形式的循环结构。

（1）用 while 语句；

（2）用 do…while 语句；

（3）用 for 语句；

（4）用 goto 语句和 if 语句构成循环（在此不做讲解）。

5.2.1　while 语句

当型循环的执行过程是：当条件满足时，执行一遍循环体中所包含的操作，然后再次判断条件，若满足，则再次执行循环体，反复执行，当条件不满足时，退出循环。

实现当型循环结构的 C 语句形式为：

while（表达式）　语句

一般称为 while 语句，其中表达式是循环条件，语句为循环体。

功能：计算表达式的值，当值为真（非 0）时，执行循环体，执行完继续判断表达式，只有当表达式值为假（0）时，退出循环结构。

其执行过程如图 5 - 1 所示：

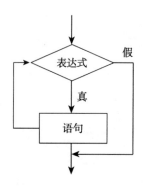

图 5 - 1

说明：

（1）循环体可以是一条简单的语句，也可以由多个语句组成。若由两个以上语句，则需要用 ｛｝ 括起来，构成复合语句。否则，while 语句范围只到 while 后面第一个分号处。

（2）在循环体中，应有使循环趋向于结束的语句，即设置使循环条件的值发生变化的语句。

（3）如果表达式的值初始就为假，则循环体一次都不执行，直接执行循环体下面的语句。

【例 5.1】 求 $1 + 2 + 3 + \cdots\cdots + 100 = ?$

解题思路：在处理这个问题时，先分析此题的特点。首先，这是一个累加问题，需要先后将 100 个数相加。要重复进行 99 次的加法运算，显然可以用循环结构来实现。其次，每次所加的数是有规律可循的，即后一个数是前一个数加 1。因此不需要每次用 scanf 语句从键盘输入数据，只需在加完上一个数后，使其增加 1，作为下一个加数。再次，循环需要有循环变量，而此题中，循环变量的值和求和表达式中的加数也存在一定的相似性，我们可以借助循环变量完成加数的构建。

本题流程图如图 5 - 2 所示：

程序代码:

```
#include <stdio.h>
int main ( )
{
    int i = 1, sum = 0; //i 为循环变量, sum 用来存储和
    while ( i <= 100 )
    {
        sum = sum + i;
        i ++ ; //循环变量的值发生变化
    }
    printf ( "1 + 2 + 3 + … + 100 = %d\n", sum);
    return 0;
}
```

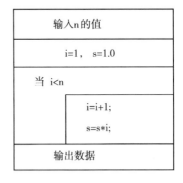

图 5 - 2

运行结果:

1 + 2 + 3 + … + 100 = 5050

【例 5.2】 计算并输出 n!。

解题思路: 首先, 根据数学中关于阶乘的定义 n! = 1 × 2 × 3 × …… × n, 乘法因子逐渐连续递增, 因此, 本题也可以利用循环变量的变化值来完成计算。其次, 此题在定义数据类型的时候, 要充分估计到 n 的取值, n! 的变化增长趋势。

本题流程图如图 5 - 3 所示:

程序代码:

```
#include <stdio.h>
int main ( )
{
    int n, i;
    double s; //变量 s 用来存储结果
    printf ( "Please input n:" );
    scanf ( "%d", &n);
    i = 1, s = 1.0;
    while ( i < n)
    {
        i = i + 1;
        s = s * i;
    }
    printf ( "%d! = %f\n", n, s);
```

输入 n 的值		
i=1, s=1.0		
当 i<n		
	i=i+1;	
	s=s*i;	
输出数据		

图 5 - 3

```
    return 0;
}
```

运行结果：

```
Please input n：7
7! 5040.000000
```

5.2.2　do…while 语句

直到型循环的执行过程是：首先执行一次循环体，然后判断循环条件是否成立，若成立，再执行一次循环体，然后再判断条件，如此反复执行，直到条件不成立，循环结束。

实现直到型循环结构的 C 语句形式为：

do

　　语句

while（表达式）；

一般称为 do…while 语句。

功能：先执行循环中的语句，然后再判断表达式是否为真，如果为真则继续循环；如果为假，则终止循环。因此，do…while 循环至少要执行一次循环体语句。

其执行过程可用图 5-4 表示：

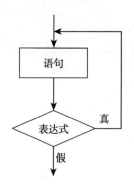
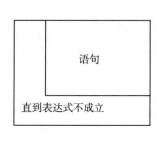

图 5-4

【例 5.3】用 do…while 语句求 $1+2+3+\cdots+100=?$

解题思路：与例 5.1 相似，用循环结构来处理。但题目要求用 do…while 语句实现。

本题流程图如图 5-5 所示：

程序代码：

```
#include < stdio. h >
int main ( )
{
    int i = 1, sum = 0;
    do
    {
        sum + = i;
        i + + ;
    } while ( i < = 100 );
    printf ( "1 + 2 + 3 + … + 100 = % d \ n",
sum);
    return 0;
}
```

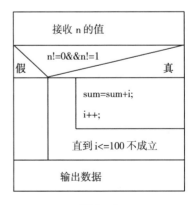

图 5 - 5

运行结果：同例5.1。

【例5.4】用 do…while 语句求 n! 并输出。

解题思路：由于 do…while 结构是先执行一次循环体，再进行循环条件的判断，因此，若简单地将例5.3的 while 结构改为如下程序段：

```
do
    {
        i = i + 1;
        s = s * i;
    } while ( i < n );
```

则，当输入 n 的值为 0 或 1 时，计算输出的值为 2，但实际上，0 的阶乘和 1 的阶乘均为 1，即结果是错误的。

本题流程图如图 5 - 6 所示：

程序代码：

```
#include < stdio. h >
int main ( )
{
    int n, i;
    double s; //s 用来存储结果
    printf ( "Please input n:");
    scanf ( "% d", &n);
    i = 1, s = 1.0;
    if ( n! = 0&&n! = 1)
        do
        {
```

图 5 - 6

```
            i = i + 1;
            s = s * i;
         } while (i < n);
    printf ("%d!=%f\n", n, s);
    return 0;
}
```

运行结果：

```
Please input n: 7
7! 5040.000000
```

```
Please input n: 1
1! 1.000000
```

```
Please input n: 0
0! 1.000000
```

5.2.3　for 语句

前面，我们介绍了当型循环和直到型循环，这两种形式的循环结构，对于循环体执行的次数事先无法估计的情况下，是十分有效的。但在实际问题中，循环体的执行次数是可以事先计算出来的，在这种情况下，虽然可以用前面介绍的两种循环结构来实现，但在 C 语言中还提供了另一种实现循环的形式，即 for 循环。

在 C 语言中，for 语句使用最为灵活，它完全可以取代 while 语句。它的一般形式为：

　　　　　　for（表达式 1；表达式 2；表达式 3）语句

三个表达式的一般作用是：

表达式 1：设置初始条件，只执行一次，可以为零个、一个或多个变量设置初值。

表达式 2：作为循环条件，用来判断是否继续循环。

表达式 3：作为循环的调整，例如改变循环变量的值，使循环条件趋向于结束。

这样 for 语句最简单的应用形式也是最容易理解的形式如下：

for（循环变量赋初值；循环条件；循环变量增量）语句

for 语句的执行过程如下：

（1）先求解表达式 1。

（2）求解表达式 2，若其值为真（非 0），则执行 for 循环的循环体语句，然后执行下面第（3）步；若其值为假（0），则结束循环，转到第（5）步。

（3）求解表达式 3。

（4）转回上面第（2）步继续执行。

（5）循环结束，执行 for 语句下面的一个语句。

其执行过程如图 5-7 表示：

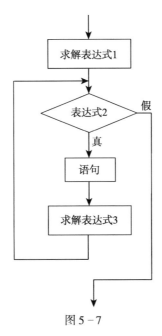

图 5-7

【例 5.5】利用 for 语句完成 1+2+3+…+100=？的计算。

解题思路：本题的分析思路同例 5.1，只是形式不同。for 语句和 while 语句可以进行相应的转换。for 的一般形式等价于下列 while 语句：

表达式 1；

while（表达式 2）

{

　语句

　表达式 3；

}

其执行过程如图 5-8 表示。

程序代码：

```
#include < stdio. h >
int main （ ）
```

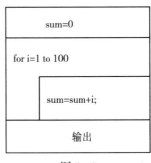

图 5-8

```
{
    int i, sum = 0; //i 为循环变量, sum 用来存储和
    for (i = 1; i <= 100; i++)
        sum = sum + i;
    printf ("1 + 2 + 3 + … + 100 = % d \ n", sum);
    return 0;
}
```

运行结果 (同例 5.1):

1 + 2 + 3 + … + 100 = 5050

关于 for 循环的几点说明:

(1) "表达式 1" 可以省略, 但需在 for 结构前补足相关功能。

例如:

```
for (; i <= 100; i++)
    sum = sum + i;
```

但在 for 结构之前, 变量 i 应该得到相应的赋值。

(2) "表达式 2" 也可以省略, 即不用表达式 2 作为循环条件表达式。

例如:

```
for (i = 1;; i++)
    sum = sum + i;
```

此时, 不存在语法错误, 但循环会无休止地执行, 称为 "死循环"。为了能够正确的计算 1 到 100 的和, 我们需要在循环的其他位置添加相应的判定条件。

可正确的改写为:

```
for (i = 1;; i++)
{   if (i <= 100)
        sum = sum + i;
    else
        break; //此语句用来提前退出循环
}
```

(3) "表达式 3" 也可以省略, 但为了能够保证循环的正常执行, 需要在循环的其他位置添加相应的功能, 以便使循环趋向于结束, 避免死循环的出现。

例如:

```
for (i = 1; i <= 100;)
```

```
    }
    sum = sum + i;
    i ++ ; //使循环条件趋向于结束的语句
}
```

（4）"表达式 1"和"表达式 3"同时省略。

例如：

```
i = 1; //for 循环之前，给循环变量赋初值的语句
for（; i <= 100;）
{
    sum = sum + i;
    i ++ ; //使循环条件趋向于结束的语句
}
```

（5）三个表达式也可以同时省略，但 for 后的括号以及其中的两个分号是绝对不允许省略的。

例如：

```
i = 1; //for 循环之前，给循环变量赋初值的语句
for（;;）
{
    if（i <= 100）//补充循环条件的功能
    { sum = sum + i;
    i ++ ; //补充表达式 3 的功能
    }
    else
    break; //此语句用来提前退出循环
}
```

（6）"表达式 1"可以是给循环变量赋初值的表达式，也可以是与循环变量无关的其他表达式。"表达式 3"也可以是与循环控制无关的任意表达式。并且，"表达式 1"和"表达式 3"可以是一个简单的表达式，也可是是一个逗号表达式。

例如：

```
for（i = 1, sum = 0; i <= 100; i ++ , i ++ ）
    sum = sum + i;
```

（7）"表达式 2"一般是关系表达式或逻辑表达式，但也可以是数值表达式或字符表达式，只要其值为非零，就执行循环体。

例如：

```
for (i = 0; (c = getchar ( ))! = '\ n';i + = c)
    ;
```

在表达式 2 中先从终端接收一个字符赋给 c，然后判断此赋值表达式的值是否等于'\ n',如果不等于，则执行循环体。此程序段的功能为：不断输入字符，将他们的 ASCII 码相加，直到输入一个"换行"符为止。注意，此 for 语句的循环体为空语句，把本来要在循环体中处理的内容，放在了表达式 3 中，作用是一样的。

其流程图如图 5 - 9 所示：

又如：

```
for ( ; (c = getchar ( ))! = '\ n';)
    printf ("% c", c);
```

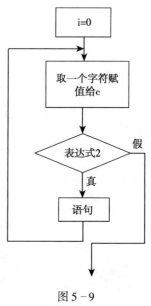

图 5 - 9

此 for 语句只有表达式 2 和循环体，其作用是每读入一个字符后立即输出该字符，直到输入"换行"符为止。

执行情况：

输入：HELLO WORD!

输出：HELLO WORD!

注意：从终端键盘向计算机输入时，是在按 Enter 键以后才将一批数据一起送到内容缓冲区中去的。因此输出结果不是 HHEELLOO WWOORRDD!!，即不是从终端输入一个字符就马上输出一个字符，而是在按 Enter 键后，数据才送入内存缓冲区，然后每次从缓冲区读一个字符，再输出该字符。

（8）C99 允许在 for 语句的"表达式 1"中定义变量并赋初值。

例如：

```
for (int i = 1; i < = 100; i + + )
    sum = sum + i;
```

但应注意，此处定义的变量 i，其有效范围仅限于此 for 循环中，在循环外此变量无效。

5.2.4 break 和 continue

break 语句只能用在多分支选择结构 switch 和循环语句中，不能单独使用。当 break 用于 switch 语句中时，可使程序跳出 switch 而执行 switch 以后的语句，break 在 switch 中的用法已在前面介绍开关语句时的例子中碰到，这里不再举例。break 语句也可以用在循环结构中，在循环中执行 break 语句便立即结束此循环的执行，执行循环外的其他语句。通常 break 语句总是与 if 语句联在一起，即满足条件时便跳出循环。

continue 语句只用在 for、while、do-while 等循环结构中，常与 if 条件语句一起使用，用来加速循环。continue 语句的作用是结束本次循环的执行，整个循环并不会因此终止。

【例 5.6】 求三位数中最大的 5 个素数。

解题思路：首先，判断一个正整数 n 是否为素数，可以采用以下方法：用 2 到 $\sqrt{n}$ 之间的所有整数 k 去除 n，若所有的 k 均除不尽 n，则 n 为素数，否则 n 不是素数。其次，判定范围为三位数，故，循环变量的范围为 101 至 999。再次，只要求计算最大的 5 个数，所以如果已经求得了 5 个最大素数，计算就应该停止。

程序执行流程图如图 5-10 所示。

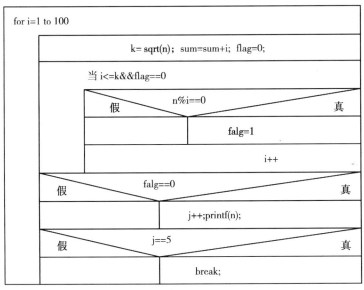

图 5-10

程序代码：

```
#include < stdio. h >
#include < math. h >
int main ( )
{
    int j = 0, n, k, i, flag;
    for ( n = 999; n > = 101; n = n - 2)
    {
        k = sqrt ((double) n);
```

```
    i = 2; flag = 0;
    while (i <= k&&flag == 0)
    {
        if (n%i == 0) flag = 1;
        i++;
    }
    if (flag == 0)
    {
        j++;
        printf ("%d ", n);
    }
    if (j == 5) break;
}
printf (" \ n");
return 0;
}
```

运行结果:

997 991 983 977 971

【例 5.7】 输出 100~200 之间所有能被 7 或 9 整除的自然数。

解题思路: 要求出所有符合条件的数据, 需要将 100 到 200 之间的所有整数取出来进行判定, 满足条件则输出, 不满足条件则取下一个值继续进行判断。由于输出的数值不止一个, 为了使运行结果更加简洁美观, 我们可以设定计数器 i, 根据 i 的值进行判定, 使输出结果每四个数一行。

程序执行流程图如图 5-11 所示。

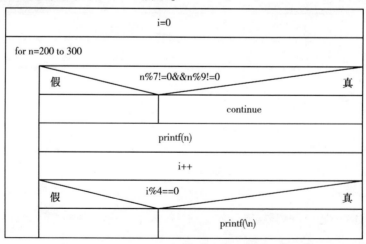

图 5-11

程序代码：

```
#include < stdio. h >
int main （ ）
{
    int n, i = 0;
    for （ n = 200; n <= 300; n + + ）
    {
        if （ n%7! = 0&&n%9! = 0）
            continue; //结束本次循环, 直接去执行 n + +
        printf （ " % d " , n）;
        i + + ; //i 计数, 使输出结果每四个数一行
        if （ i%4 = =0） printf （ " \ n" ）;
    }
    return 0;
}
```

运行结果：

```
203 207 210 216
217 224 225 231
234 238 243 245
252 259 261 266
270 273 279 280
287 288 297 297
```

5.3 项目分析与实现

设计简单的猜数字游戏。输入你所猜的整数（假定在 1 ~ 100 之间），与计算机产生的被猜数比较，若相等，显示猜中；若不等，显示与被猜数的大小关系，最多允许猜 7 次。

提示：库函数 rand （ ），是 C 的一个数学函数，其功能是让计算机随机产生 −90 ~ 32767 间的随机整数，使用时需包含头文件 stdlib. h，其函数原型 int rand （void）;。使用方法：需要先调用 srand （ ） 函数进行初始化，一般用当前日历时间初始化随机数种子，这样每次可以产生不同的随机数。使用 time （ ） 函数来获得系统时间，需包含头文件 time. h。

5.3.1 算法分析

本项目的实现，是选择结构和循环结构的结合。既然是游戏，就要限定猜

数次数，我们即以此为循环条件。并且继续使用 flag 作为标志变量，若为 0，猜数失败，若为 1，猜数成功。

基本算法思想：

（1）产生随机数；

（2）用户输入一个整数；

（3）两个数进行比较，若相等，猜数成功，转到（4）执行，否则，根据给出大小关系，若未超过 7 次，则返回 2）继续执行，否则，转到（4）执行；

（4）退出循环。

在程序设计过程中，需要用到库函数：rand（），srand（），time（），这几个库函数的用法在此不再叙述，请大家参阅项目描述或其他相关资料。

程序流程图如图 5-12 所示：

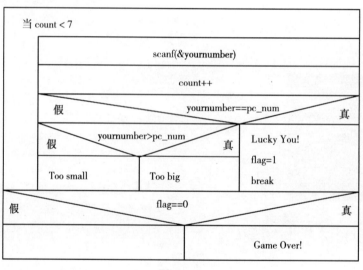

图 5-12

5.3.2 项目实现

源代码：

```c
#include < stdio. h >
#include < stdlib. h >
#include < time. h >
int main（）
{
    int count = 0, flag, pc_num, yournumber;
    printf（"----------猜数字游戏---------- \ n"）;
```

```
        printf ("游戏规则：\ n");
        printf ("\ t 输入 1～100 之间的一个整数 \ n \ t 根据系统提示进行大小的修改 \ n \ t
如果 7 次均为猜中，游戏结束！\ n");
        srand (time (0));
        pc_num = rand ( ) % 100 + 1;    //计算机随机产生一个 1～100 之间的被猜数
        flag = 0;    //flag 的值为 0 表示没有猜中，为 1 表示猜中了
        while (count < 7)
        {
        printf ("Enter your number:");
        scanf ("% d", &yournumber);    //接收到你所猜的整数
        count ++;   //次数加 1
        if (yournumber == pc_num)    //若相等，显示猜中，并终止循环
        {
            printf ("Lucky You! \ n");
            flag = 1;
            break;
        }
        else    //若不等，显示大小关系
            if (yournumber > pc_num)
                printf ("Too big! \ n");
            else
                printf ("Too small! \ n");
        }
        if (flag == 0)    //若 7 次均未猜中，提示游戏结束
            printf ("Game Over! \ n");
        return 0;
}
```

运行结果：

```
----------猜数字游戏----------
 游戏规则：
            输入 1～100 之间的一个整数
            根据系统提示进行大小的修改
            如果 7 次均为猜中，游戏结束！
Enter your number：_
```

```
Enter your number：56
Too small！
```

```
Enter your number: 78
Too small!
Enter your number: 89
Too big!
Enter your number: 88
Lucky You!
```

```
Enter your number: 56
Too big!
Enter your number: 45
Too big!
Enter your number: 34
Too big!
Enter your number: 23
Too big!
Enter your number: 12
Too big!
Enter your number: 11
Too big!
Enter your number: 10
Too big!
Game Over!
```

分析总结:

程序将猜数游戏的功能基本实现,在此项目的学习中,首先,大家要注意 flag 这类作为标志性变量使用的优势,可以结合前边素数的判定程序分析学习;其次,本题循环结构的退出方法有两种:循环条件和 break 语句,不同渠道的退出,对应不同的执行结果。

项目功能扩展练习:

猜数字游戏:先输入一个正整数,表示允许猜测的最大次数 n,再输入你所猜的数,与被猜数进行比较,若相等,显示猜中;若不等,显示与被猜数的大小关系,最多允许猜 n 次。如果 1 次就猜中,显示"Bingo!";如果 3 次以内猜中,则显示"Lucky You!";如果超过 3 次但不超过 n 次猜中,显示"Good Guess!";如果超过 n 次都没有猜中,则显示"Game Over!";如果在达到 n 次之前,用户输入不合法,则显示"Game Over!",并结束游戏。试编写程序。

5.4　知识拓展

5.4.1　几种循环的比较

（1）三种循环都可以用来处理同一个问题，一般可以互相代替。

（2）在 while 循环和 do…while 循环中，只在 while 后边的括号内指定循环条件，因此，为了使循环能够正常结束，应在循环体中包含使循环趋向于结束的语句。

for 循环可以在表达式 3 中包含使循环趋向于结束的操作，甚至可以将循环体中的操作全部放到表达式 3 中，因此 for 语句的功能更强大，一般能用 while 循环完成的设计，用 for 循环都可以实现。

（3）用 while 和 do-while 循环时，循环变量初始化的操作应在 while 和 do-while 语句之前完成，而 for 语句可以在表达式 1 中实现循环变量的初始化。

（4）三种循环都可以用 break 语句跳出循环，用 continue 语句结束本次循环。

一般来说，如果事先给定了循环次数，首选 for 循环，此种结构清晰、简洁，四个部分一目了然；如果循环次数不确定，需要通过其他条件控制循环，通常选用 while 或 do…while 循环；如果必须先进入循环，由循环体先运行得到循环控制条件后，再判断是否执行下一次，使用 do…while 较合适。

具体实例对比，请参照第五章例题。

5.4.2　循环嵌套

所谓循环的嵌套是指一个循环体内又包含了另一个完整的循环结构。C 语言允许循环结构嵌套多层，循环的嵌套结构又称为多重循环，三种循环结构可以相互嵌套。

例如：下面几种形式都是合法的。

```
（1）while （ ）                    （2）do
    {                                 {
        ...                               ...
        while （ ）                        do
        {...}                             {...}
        ...                               while （ ）;
    }                                     ...
                                      } while （ ）;
```

(3) for（;;）
  {
     . . .
     for（;;）
     {. . .}
     . . .
  }

(4) while（ ）
  {
     . . .
     do
     {. . .}
     while（ ）;
     . . .
  }

(5) while（ ）
  {
     . . .
     for（;;）
     {. . .}
     . . .
  }

(6) for（;;）
  {
     . . .
     while（ ）
     {. . .}
     . . .
  }

【例 5.8】计算并输出 10 以内所有自然数的阶乘。

解题思路：前面已经计算过 n!，我们是通过单层循环实现的，此题要求计算多个数的阶乘，自然想到再嵌套一层循环，构成二层嵌套循环来实现。

本题流程图如图 5 - 13 所示：

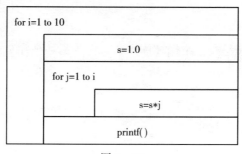

图 5 - 13

程序代码：

```
#include < stdio. h >
int main（ ）
{
    int i, j;
    double s; //存储每次计算的阶乘
    for（i = 1; i < = 10; i + +）
    {
```

```
    s = 1.0;  //为确保每次使用时的初值
    for (j = 1; j <= i; j + + )
        s = s * j;
    printf ("%2d! = % -15.6f \ n", i, s);
    }
    return 0;
}
```

运行结果：

```
1! = 1.000000
2! = 2.000000
3! = 6.000000
4! = 24.000000
5! = 120.000000
6! = 720.000000
7! = 5040.000000
8! = 40320.000000
9! = 362880.000000
10! = 3628800.000000
```

【例 5.9】列举法解决百元买百鸡问题。100 元钱买 100 只鸡，母鸡 3 元/只，公鸡 2 元/只，小鸡 0.5 元/只。制定买鸡方案。

所谓列举算法，是指根据提出的问题，列举所有可能的情况，并根据条件检验哪些是需要的，哪些是不需要的。设计列举算法的关键是根据问题的性质确定判断的条件，从而对所列举的所有情况进行判断。

解题思路：设买母鸡 m 只，公鸡 n 只，小鸡 k 只，根据给定条件可以列出方程：

$$m + n + k = 100$$
$$3m + 2n + 0.5k = 100$$

这是一个不定方程，三个未知数，两个方程。解决此类问题，我们可以利用列举法来解决，即在所有买鸡方案中选出满足上述两个条件的母鸡、公鸡和小鸡。因母鸡 3 元/只，100 元钱最多买 33 只母鸡，公鸡 2 元/只，100 元钱最多买 50 只公鸡。

此题是一个二重循环，母鸡数 m 在最外层，公鸡数 n 在第二层。由于在分析公鸡数 n 时，已经买了 m 只母鸡，而母鸡的单价是公鸡单价的 1.5 倍，即买一只母鸡相当于买 1.5 只公鸡，因此，公鸡数最多为 50 - 1.5m。而在考虑小鸡数 k 时，已经买了 m 只母鸡和 n 只公鸡，因此只能买 100 - m - n 只小鸡，此时小鸡数容易取得。此时，鸡的总数已经满足条件，只需要判定总价是否满足条件即可。

程序流程图如图 5 - 14 所示：

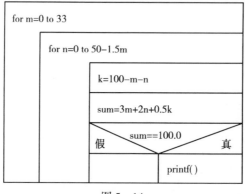

图 5 - 14

程序代码：

```
#include < stdio. h >
#include < math. h >
int main ( )
{
    int m, n, k;
    float sum; //用来记录所有鸡只的总价
    for ( m = 0; m < = 33; m + + )
        for ( n = 0; n < = 50 - 1. 5 * m; n + + )
        {
            k = 100 - m - n;
            sum = 3 * m + 2 * n + 0. 5 * k;
            if ( sum = = 100. 0)
                printf ( "母鸡:% -5d 公鸡:% -5d 小鸡:% -5d \ n", m, n, k);
        }
    return 0;
}
```

运行结果：

```
母鸡: 2     公鸡: 30    小鸡: 68
母鸡: 5     公鸡: 25    小鸡: 70
母鸡: 8     公鸡: 20    小鸡: 72
母鸡: 11    公鸡: 15    小鸡: 74
母鸡: 14    公鸡: 10    小鸡: 76
母鸡: 17    公鸡: 5     小鸡: 78
母鸡: 20    公鸡: 0     小鸡: 80
```

5.4.3　循环结构程序举例

编写循环结构的要点：

（1）归纳出哪些操作需要反复执行，即循环体；

（2）这些操作在什么情况下重复执行，即循环条件。

其中，循环条件设计要点：

（1）定义循环控制变量的初始值；

（2）每执行一次循环，改变循环变量的增量或减量；

（3）用数据代入测试控制循环的终止条件（即是否按预定的次数进行循环）。

【例5.10】输入10个字符，分别统计出其中空格或回车、数字和其他字符的个数。

解题思路：本题可利用循环控制接收字符的个数，故循环变量 i 变化十次。由于涉及多种字符的统计，所以可以考虑使用多分支的选择结构。

程序代码：

```
#include <stdio.h>
int main ()
{
    int blank=0, digit=0, other=0;  //定义三个变量，分别用来存放统计结果
    int i;
    char ch;
    printf ("Please input 10 characters:");
    for (i=0; i<10; i++)
    {
        ch=getchar ();
        switch (ch) {
        case ' ':  //此处为空格
        case '\n':
            blank++;
            break;
        case '0': case '1': case '2': case '3':
        case '4': case '5': case '6': case '7':
        case '8': case '9':
            digit++;
            break;
        default: other++;
                break;
        }
    }
```

```
    printf ("blank = % d, digit = % d, other = % d \ n", blank, digit, other);
    return 0;
}
```

运行结果：

```
Please input 10 characters：34aea $ #6 6
blank = 2, digit = 3, other = 5
```

```
Please input 10 characters：45 rt
, r.
blank = 3, digit = 2, other = 5
```

```
Please input 10 characters：6 rt 8
# $ yut
blank = 4, digit = 2, other = 4
```

【例 5.11】 输入一个整数，将其各位数字逆序输出。

解题思路：一个数 i，k = i% 10，k 的值为倒数个位数并打印出来，再用 i = i/10 去掉最低位。若 i≠0，重复以上过程，直到 i = 0 就可以将整数 i 逆序全部输出。

程序代码：

```
#include < stdio. h >
int main ( )
{
    long i, k;
    printf ("Please input an integer：\ n");
    scanf ("% ld", &i);
    do
    {
        k = i% 10;
        printf ("% ld", k);
        i = i/10;
    } while (i! = 0);
    printf (" \ n");
}
```

运行结果：

```
Please input an integer：
335234547
745432533
```

【例5.12】Fibonacci 数列问题，求数列1，1，2，3，5，8……前40个数。

这是一个有趣的古典数学问题：有一对兔子，从出生后第3个月起每个月都生一对兔子，小兔子长到第3个月后每个月又生一对兔子。假设所有兔子都不死，问每个月的兔子总数是多少？

解题思路：最简单易懂的方法是，根据题意，从前两个月的兔子数可以推出第3个月的兔子数。设第1个月的兔子数 $f1 = 1$，第2个月的兔子数 $f2 = 1$，则第3个月的兔子数 $f3 = f1 + f2 = 2$。以此类推，$f4 = f2 + f3$，$f5 = f4 + f3$……。这一过程可以利用循环来处理。设定变量 f1、f2、f3，第一次计算时分别代表第一个月、第二个月和第三个月的兔子数，第二次执行循环时分别用来表示第二个月、第三个月和第四个月的兔子数，以此类推。

本题流程图如图5 – 15 所示：

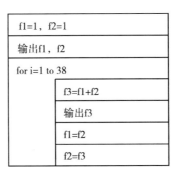

图5 – 15

程序代码：

```
#include < stdio. h >
int main ( )
{
    int f1 = 1, f2 = 1, f3;
    int i;
    printf ("%12d\n%12d\n", f1, f2);
    for (i = 1; i <= 38; i ++)
    {
        f3 = f1 + f2;
        printf ("%12d\n", f3);
        f1 = f2;
        f2 = f3;
    }
    return 0;
}
```

运行结果：（篇幅太大，截取一部分）

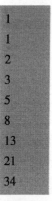

```
1
1
2
3
5
8
13
21
34
```

程序改进：

此程序虽然是正确的，但程序共应输出 40 个月的兔子数，每个月的输出占一行，篇幅太大，并且此算法也并非是最好的。

可以修改程序，在循环体中一次求出下两个月的兔子数。而且只用 f1 和 f2 就够了。这里有一个技巧，把 f1 + f2 的结果不放在 f3 中，而放在 f1 中取代了 f1 原来的值，此时 f1 不再代表前两个月的兔子数，而代表新求出来的第 3 个月的兔子数，在执行 f2 + f1 就是第 4 个月的兔子数了，把它放在 f2 中。就此，f1 和 f2 就是新求出的最近两个月的兔子数了。再以此推出下两个月的兔子数。

本题流程图如图 5 - 16 所示：

程序代码：

```c
#include < stdio. h >
int main ( )
{
    int f1 = 1, f2 = 1;
    int i;
    for (i = 1; i <= 20; i ++)    //每个循
```
环中输出 2 个月的兔子数，循环执行 20 次即可
```c
    {
        printf ("%12d%12d", f1, f2);  //输出已知的两个月的兔子数
        if (i%2 == 0) printf ("\ n");
        f1 = f1 + f2;    //计算出下一个月的兔子数，并存放在 f1 中
        f2 = f2 + f1;    //计算出下两个月的兔子数，并存放在 f2 中
    }
    return 0;
}
```

f1=1, f2=1		
for i=1 to 20		
	输出f1，f2	
	f1=f1+f2	
	f2=f2+f1	

图 5 - 16

运行结果：

1	1	2	3
5	8	13	21
34	55	89	144
233	377	610	987
1597	2584	4181	6765
10946	17711	28657	46368
75025	121393	196418	317811
514229	832040	1346269	2178309
3524578	5702887	9227465	14930352
24157817	39088169	63245986	102334155

【例 5.13】密码问题。从键盘上输入一行字符，将其中的英文字母进行加密输出（非英文字母不加密）。

解题思路：在报文通信中，为使报文保密，发报人往往按一定规律将其加密，收报人再按照约定的规律将其解密。最简单的加密方法就是，将报文中的英文字母转换为其后的第 i 个字母。例如，若 k = 3，字母 a 就被转换为 d，字母 F 就被转换为 I。根据 ASCII 码表中的设计，我们只需要将字母的 ASCII 码值进行加 k 的运算即可，转换算法非常简单。如果转换过程中，字母的 ASCII 码值 + k 后超出了字母范围，我们需想办法将其循环到字母表的开始位置取值。

程序代码：

```c
#include < stdio. h >
int main ( )
{
    char c; //存储接收到的字符
    int k; //存储用户设定的步长
    printf ("Please input k:");
    scanf ("% d", &k);
    getchar ( ); //吃掉上次输入的回车符
    printf ("Please input a string:");
    while ((c = getchar ( )) != '\n')
    {
        if ((c >= 'a' &&c <= 'z') || (c >= 'A' &&c <= 'Z'))
        {
```

```
        c = c + k;
        if (c > 'z' || (c > 'Z' && c < 'Z' + k))  //此条件若成立，则对应字符非字母
            c = c - 26;
    }
    printf ("%c", c);
}
printf (" \ n");
return 0;
}
```

运行结果：

Please input k：5

Please input a string：scEH78 * Drzx

xhJM78 * Iwec

【例 5.14】用对分法求方程 $f(x) = x^2 - 6x - 1 = 0$ 在区间 [-10, 10] 上的实根。取扫描步长 $h = 0.1$，精度要求 $\varepsilon = 10^{-6}$。

解题思路：设非线性方程为 $f(x) = 0$ 用对分法求在区间 [a, b] 上的实根。

具体方法如下：

从区间端点 $x_0 = a$ 出发，以 h 为步长，逐步往后进行扫描。

对于每一个被扫描的子区间 $[x_i, x_{i+1}]$ （其中，$x_{i+1} = x_i + h$）作如下处理：

若在子区间两个端点上的函数值 $f(x_i)$ 与 $f(x_{i+1})$ 同号，则说明在该子区间上没有实根，将扫描下一个子区间；否则说明在该子区间上至少有一个实根。此时就可以在该子区间上采用对分法进一步搜索实根。

对分法的基本过程如下：

取子区间 $[x_i, x_{i+1}]$ 的中点

$$x = \frac{x_i + x_{i+1}}{2}$$

如果 $f(x)$ 与 $f(x_i)$ 同号，则令 $x_i = x$；否则令 $x_{i+1} = x$。

然后重复这个过程，直到满足条件

$$|x_{i+1} - x_i| < \varepsilon$$

为止。其中 ε 为事先给定的精度要求。

对分法求方程实根的流程图如图 5-17 所示。

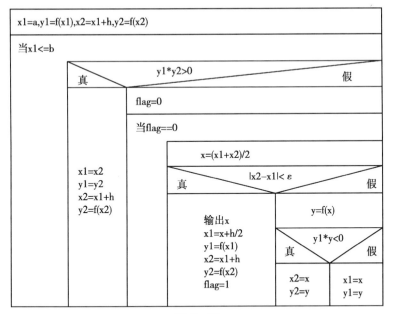

图 5－17

程序代码：

```
#include < stdio. h >
#include < math. h >
int main （ ）
{
    int flag;
    double a = - 10. 0, b = 10. 0, h = 0. 1, x1, y1, x2, y2, x, y;
    x1 = a;
    y1 = x1 * x1 - 6 * x1 - 1. 0;
    x2 = x1 + h;
    y2 = x2 * x2 - 6 * x2 - 1. 0;
    while （ x1 < = b）
    {
        if( y1 * y2 > 0. 0 )
        {
            x1 = x2; y1 = y2; x2 = x1 + h;
            y2 = x2 * x2 - 6 * x2 - 1. 0;
        }
        else
        {
            flag = 0;
```

```
        while (flag == 0)
        {
            x = (x1 + x2) /2;
            if(fabs (x2 - x1)  < 0.000001)
            {
                printf("x = %11.5f\n", x);
                x1 = x + 0.5 * h;
                y1 = x1 * x1 - 6 * x1 - 1.0;
                x2 = x1 + h;
                y2 = x2 * x2 - 6 * x2 - 1.0;
                flag = 1;
            }
            else
            {
                y = x * x - 6 * x - 1.0;
                if(y1 * y < 0.0)
                {
                    x2 = x;  y2 = y;
                }
                else
                {
                    x1 = x;  y1 = y;
                }
            }
        }
    }
    return 0;
}
```

运行结果：

```
x = -0.16228
x = 6.1628
```

说明：在实数运算中，经常需要判断实数 x 和实数 y 是否相等，编程者往往把判断条件简单设成 y - x 是否等于 0。但这样的做法可能会产生精度误差。避免精度误差的办法是设一个精度常量 delta。若 y - x 的实数值与 0 之间的区间长度小于 delta，则认定 x 和 y 相等，这样就可将误差控制在 delta 范围内，例如本题的 $|x_{i+1} - x_i| < \varepsilon$。

小结

本章介绍了三种常用的循环结构 while，do…while 和 for。

循环语句可以实现大量的重复工作，当需要某段程序至少执行一次时，可以选择 do…while 语句；而某段程序可能一次也不执行时，可以选择 while 语句；当确定循环次数时可以选择 for 语句。

brerk 语句可以用在 switch 语句和循环语句中，用在循环语句中用于结束本层循环；continue 语句只能用于循环语句，用于结束本次循环，继续进行下一次循环。

循环使用时，一定要考虑循环的结束。常见的结束循环的方法有：①循环条件；②break 语句；③return 语句（返回被调函数，结束此函数的执行）；④exit（ ）（结束程序执行的函数）。

习题 5

1. 选择题

（1）设有程序段

int k = 10；

while（k = 0）   k = k - 1；

则下面描述中正确的是_____。

A. while 循环执行 10 次
B. 循环是无限循环
C. 循环体语句一次也不执行
D. 循环体语句执行一次

（2）设有以下程序段

int x = 0，s = 0；

while（! x! = 0） s + = ++x；printf("％d"，s)；则_____。

A. 运行程序段后输出 0
B. 运行程序段后输出 1
C. 程序段中的控制表达式是非法的
D. 程序段执行无限次

（3）下面程序段的运行结果是_____。

x = y = 0；

while（x < 15） y++，x + = ++y；

printf("％d,％d"，y，x)；

A. 20，7   B. 6，12   C. 20，8   D. 8，20

（4）C 语言中 while 和 do-while 循环的主要区别是_____。

A. do-while 的循环体至少无条件执行一次

B. while 的循环控制条件比 do-while 的循环控制条件严格

C. do-while 允许从外部转到循环体内

D. do-while 的循环体不能是复合语句

(5) 以下描述中正确的是_____。

A. do…while 中循环语句中只能是一条可执行语句，所以循环体内不能使用复合语句

B. do…while 循环由 do 开始，且 while 结束，在 while（表达式）后面不能写分号

C. 在 do…while 中，一定要有能使 while 后面表达式的值变为零（"假"）的操作

D. do…while 循环中，根据情况可以省略 while

(6) 若有以下语句

int x =3;

do {print（"％d \ n", x - =2）;} while（!（- - x））;

则上面程序段_____。

A. 输入的是 1   B. 输出的是 1 和 - 2

C. 输出的是 3 和 0   D. 死循环

(7) 下面有关 for 循环的正确描述是_____。

A. for 循环只能有于循环次数已经确定的情况

B. for 循环是先执行循环体语句，后判断表达式

C. 在 for 循环中，不能用 break 语句跳出循环体

D. for 循环的循环体语句中，可以包含多条语句，但必须花括号括起来

(8) 对 for（表达式1;；表达式3）可理解为_____。

A. for（表达式1；0；表达式3）

B. for（表达式1；1；表达式3）

C. for（表达式1；表达式1；表达式3）

D. for（表达式1；表达式3；表达式3）

(9) 以下 for 循环的语句是_____。

for（x =0，y =0;（y =123）&&（x <4）; x ++）;

A. 是无限循环   B. 循环次数不定   C. 4 次   D. 3 次

(10) 以下正确的描述是_____。

A. continue 语句的作用是结束整个循环的执行

B. 只能在循环体内和 switch 语句体内使用 break 语句

C. 在循环体内使用 break 或 continue 语句

D. 从多层循环嵌套中退出时，只能使用 goto 语句

2. 改错题

找完数：找出 200 以内的所有完数，并输出其因子。一个数若恰好等于它的各因子之和，即称为完数，例 6 = 1 + 2 + 3，其中 1、2、3 为 6 的全部因子，6 即为完数。

样例输出：

1 = 1

6 = 1 + 2 + 3

28 = 1 + 2 + 4 + 7 + 14

源程序（有错误）

```c
#include < stdio. h >
int main ( )
{
    int i, j, s = 1;
    for ( i = 1; i < = 200; i + + )
    {
        for ( j = 2; j < = i/2; j + + )
            if( i/j = = 0)
                s = s + j;
            if( s = = j)
            {
                printf( "% d = 1", i);
                for ( j = 2; j < = i/2; j + + )
                    if( i/j = = 0)  printf( " + % d", j);
                printf( " \ n");
            }
    }
    return 0;
}
```

3. 程序设计题

（1）输入两个正整数 m 和 n，求其最大公约数和最小公倍数。

（2）输出所有的"水仙花数"，所谓"水仙花数"是指一个 3 位数，其各位数字立方和等于该数本身。例如，153 是一个水仙花数，因为 $153 = 1^3 + 5^3 + 3^3$。

（3）一个球从 100m 高度自由落下，每次落地后反跳回原高度的一半，再落下，再反弹。求它在第 10 次落地时，共经过多少米，第 10 次反弹多高。

（4）验证哥德巴赫猜想：任何一个大于等于 6 的偶数均可表示为两个素数之和。例如 6 = 3 + 3，8 = 3 + 5，……，18 = 5 + 13。要求将输入的一个偶数表示成两个素数之和。试编写程序。

（5）设 A、B、C、D、E 五人，每人额头上贴了一张或黑或白的纸。五人对坐，每人都可以看到其他人额头上的纸的颜色，但都不知道自己额头上的纸的颜色。五人相互观察后开始说话：

A 说：我看见有三人额头上贴的是白纸，一人额头上贴的是黑纸

B 说：我看见其他四人额头上贴的都是黑纸

C 说：我看见有一人额头上贴的是白纸，其他三人额头上贴的是黑纸

D 说：我看见四人额头上贴的都是白纸

E 什么也没说。

现在已知额头上贴黑纸的人说的都是真话，额头上贴白纸的人说的都是假话。问这五个人中谁的额头上贴白纸，谁的额头上贴黑纸？

（6）输出九九乘法表。

$1 * 1 = 1$

$1 * 2 = 2$ $2 * 2 = 4$

$1 * 3 = 3$ $2 * 3 = 6$ $3 * 3 = 9$

......

（7）从高位开始逐位输出一个整数的各位数字：输入一个整数，从高位开始逐位分割并输出它的各位数字。试编写程序。

例：输入 12345

输出 1 2 3 4 5

（8）蜗牛爬井问题：一只蜗牛从井底爬到井口，每天白天蜗牛要睡觉，晚上才出来活动，一个晚上蜗牛可以向上爬 3 尺，但是白天睡觉的时候会往下滑 2 尺，若井深 10 尺，问蜗牛几天可以爬出来？

（9）顺序输出 3～100 之间的所有素数。

（10）对第四章的项目进行改进：实现简易计算器，能够对若干算数表达式进行计算。基本功能：加法、减法、乘法、除法以及系统退出，要求界面友好。

项目六　制作简易成绩单
——数组

● 教学目标

➤ 了解一维数组、二维数组的基本概念；

➤ 掌握数组类型变量的定义；

➤ 掌握数组元素的引用方法；

➤ 掌握字符串的输入、输出及常用字符串处理函数的使用方法。

6.1　项目描述

某班级有 20 名同学，期末考试结束后，班主任要按照学号顺序统计所有同学的总成绩，然后按总成绩由高到低的顺序排名并公示，用 C 语言怎样实现呢？

运行结果（为方便程序调试，我们以 5 名同学为例）：

```
请输入 5 名同学的学号、成绩：
201801 80 201802 75 201803 79 201804 62 201805 88
按总成绩由高到低排序后：
        201805      88
        201801      80
        201803      79
        201802      75
        201804      62
```

6.2　相关知识

迄今为止，本书使用的数据都属于基本数据类型，它们的值是单一的。而在很多情况下，会遇到处理大批量数据的问题。如在本项目中，要处理 20 名学生的学号和总成绩，用简单数据类型需要定义 40 个变量分别存储，这样程序会比较繁琐，难以反映出数据的特点，也难以有效地进行处理。

为了解决这类问题，C 语言中提供了构造类型数据，如数组、结构体、共用体和枚举类型。

在 C 程序设计中，把具有相同类型的若干变量按有序的形式组织起来，这些按序排列的同类数据元素的集合称为数组。

数组的特点：

➤ 在 C 语言中，数组是一种最简单的构造类型，适用于处理大量的相同类型数据的场合；

➤ 数组是一组有序数据的集合，这些数据共用一个名字，即数组名；

➤ 按顺序给所有数组元素编号，这些编号称为下标，并用方括号括起来，用数组名和下标来唯一确定数组中的一个元素；

➤ 数组元素既可以是基本数据类型又可以是构造类型，但是一个数组中包含的所有元素都属于同一个数据类型，不能把不同类型的数据放在同一个数组中；

➤ 数组在内存中要占用一组连续的存储空间；

➤ 数组是静态的，在其作用域内保持相同的长度；

➤ 按数组下标的个数，数组分为一维数组和多维数组；

➤ 按数组元素的类型不同，数组又可分为数值数组、字符数组、指针数组、结构数组等各种类别。

6.2.1　一维数组

一维数组最简单的数组，数组中的每个元素只用数组名加一个下标就能唯一地确定。

1. 一维数组的定义

一维数组的定义格式为：

类型说明符 数组名［常量表达式］；

举例：

int a［10］；

表示定义了一个数组 a，共有 10 个元素，这 10 个元素的数据类型都是 int 型。

说明：

（1）在 C 语言中数组必须先进行定义再使用。

（2）类型说明符是任一种基本数据类型或构造数据类型，如 int，float，double 等。它表示数组的类型，即数组中每个元素的数据类型。对于同一个数组，其所有元素的数据类型都是相同的。

（3）数组名是用户定义的数组标识符，命名规则遵循标识符的命名规则。数组名不能与其他变量名相同。

例如：

```
main （ ）
{
    int a；
    float a ［10］；
    ……
}
```

是错误的。

（4）方括号中的常量表达式表示数据元素的个数，也称为数组的长度。

例如：

```
int x ［10］；            //说明整型数组 x，有 10 个元素。
float y ［10］，z ［20］；  //说明实型数组 y，有 10 个元素，实型数组 z，有 20 个元素。
char c ［20］；           //说明字符数组 c，有 20 个元素。
```

（5）不能在方括号中用变量来表示元素的个数，但是可以是符号常量或常量表达式。

例如：

```
#define A 5
main （ ）
{
    int a ［3＋2］，b ［7＋A］；
    ……
}
```

是合法的。

但是下述说明方式是错误的。

```
main （ ）
{
    int n＝5；
    int a ［n］；
    ……
}
```

（6）允许在同一个类型说明中，说明多个数组和多个变量。

例如：

```
int i，j，k，a ［10］，b ［20］；
```

2. 一维数组的初始化

数组初始化赋值是指在定义数组时给数组元素赋予初值。数组初始化是在编译阶段进行的。这样将减少运行时间，提高效率。

初始化赋值的一般形式为：

类型说明符 数组名［常量表达式］= {值，值……值}；

举例：

int a［10］= { 0, 1, 2, 3, 4, 5, 6, 7, 8, 9 }；

其中在 { } 中的各数据值即为各元素的初值，各值之间用逗号间隔。

说明：

（1）可以只给部分元素赋初值。

当 { } 中值的个数少于元素个数时，只给前面部分元素赋值。

例如：

int a［10］= {0, 1, 2, 3, 4}；

表示只给前 5 个元素赋值，而后 5 个元素自动赋 0 值。

（2）只能给元素逐个赋值，不能给数组整体赋值。

例如给十个元素全部赋 1 值，只能写为：

int a［10］= {1, 1, 1, 1, 1, 1, 1, 1, 1, 1}；

而不能写为：

int a［10］= 1；

（3）如给全部元素赋值，则在数组说明中，可以不给出数组元素的个数。

例如：

int a［5］= {1, 2, 3, 4, 5}；

可写为：

int a［ ］= {1, 2, 3, 4, 5}；

3. 一维数组元素的引用

在 C 语言中，对数组的访问通常是通过对数组元素的引用来实现的，不能一次引用整个数组。数组元素是组成数组的基本单元。数组元素也是一种变量，其标识方法为数组名后跟一个下标。

一维数组元素引用的一般形式为：

数组名［下标］

举例：

a［1］

说明：

（1）数组元素由数组名和下标来表示。下标表示数组元素在数组中的顺序号，从 0 开始，合理的取值范围为 0 ～（数组长度 -1）。

例如：

```
Int a [5];
a [0] =0;
a [1] =1;
a [2] =2;
a [3] =3;
a [4] =4;
```

定义了一个数组 a，包括 5 个元素：a [0]，a [1]，a [2]，a [3]，a [4]，然后分别给这五个元素赋值。

注意：不能引用数组元素 a [5]，其下标已越界。

（2）下标的取值只能为整型常量或整型表达式。如果为小数，C 编译将自动取整。

例如：

```
a [3]
a [3 +2]
a [i +3]
a [i +j]
a [i ++]
```

都是合法的数组元素。

（3）数组元素通常也称为下标变量。必须先定义数组，才能使用下标变量。在 C 语言中只能逐个地使用下标变量，而不能一次引用整个数组，因此常常用于循环结构中。

例如，输出有 10 个元素的数组要使用循环语句逐个输出各下标变量：

```
for (i =0; i <10; i ++)
    printf("%d", a [i]);
```

而不能用一个语句输出整个数组。

例如，下面的写法是错误的：

```
printf("%d", a);
```

（4）数组元素可以像一个简单变量一样来使用。

例如：

```
a [5] =a [1] +a [2];
a [5] =i +j;
```

4. 一维数组的输入与输出

（1）一维数组的输入

数组除了可以使用定义时初始化赋值以外，还可以使用赋值语句或格式化输入函数 scanf( ) 为数组元素赋值。

用赋值语句赋值

例如：

```
int i, a [10];
for (i = 0; i < 10; i ++)
a [i] = i;    //在循环中用赋值语句赋值
```

使用格式化输入函数 scanf( ) 为数组元素动态赋值

例如：

```
int i, a [10];
for (i = 0; i < 10; i ++)
    scanf("%d", &a [i]); //在循环中用 scanf( ) 函数从键盘输入数据，为数组动
```
态赋值

（2）一维数组的输出

一般在循环中用格式化输出函数 printf( ) 将数组元素逐个输出。

例如：

```
for (i = 0; i < 10; i ++)
    printf("%d", a [i]);
```

【例 6.1】分析以下程序的运行结果。

```
#include < stdio. h >
int main ( )
{
    int i, a [10];
    for (i = 0; i <= 9; i ++)
        a [i] = i;
    for (i = 9; i >= 0; i --)
        printf("%d ", a [i]);
    return 0;
}
```

运行结果：

9 8 7 6 5 4 3 2 1 0

【例6.2】分析以下程序的运行结果。

```
#include < stdio. h >
int main ( )
{
    int i, a [10];
    for (i = 0; i < 10;)
        a [i ++] = 2 * i + 1;
    for (i = 0; i <= 9; i ++)
    printf("%d", a [i]);
    printf(" \ n%d %d \ n", a [5], a [8]);
    return 0;
}
```

运行结果：

1 3 5 7 9 11 13 15 17 19
11 17

本例中用一个循环语句给 a 数组各元素送入奇数值，然后用第二个循环语句输出各个奇数。在第一个 for 语句中，表达式 3 省略了。在下标变量中使用了表达式 i ++，用以修改循环变量。当然第二个 for 语句也可以这样做，C 语言允许用表达式表示下标。程序中最后一个 printf 语句输出了 a [5] 和 a [8] 两个元素的值。

5. 一维数组的应用举例

【例6.3】用一个一维数组存储 10 个学生 C 语言课程的考试成绩，并输出这 10 个学生的成绩。

算法分析：首先定义一个一维数组，存放 10 个学生的成绩，然后使用循环结构，用数组元素的下标作为循环变量，遍历整个数组。

编写程序：

```
#include < stdio. h >
int main ( )
{
    int i, score [10] = {98, 81, 86, 79, 72, 67, 61, 85, 59, 90};
    for (i = 0; i < 10; i ++)
        printf("%5d", score [i]);
    printf(" \ n");
    return 0;
}
```

运行结果：

98	81	86	79	72	67	61	85	59	90

【例 6.4】输入 10 个整数，存入一维数组中，输出其中的最大值。

算法分析：求一维数组的最大数时，首先将数组中的第 1 个数作为最大数，然后将数组中的其他各数依次与最大数进行比较。如果它大于最大数，则重新给最大数赋值，如此循环，直到数组中的最后一个元素比较完为止。用 N - S 图表示其算法，如图 6 - 1 所示。

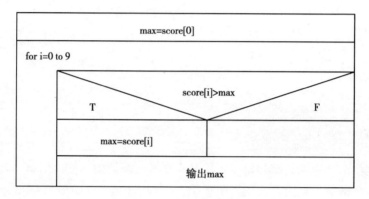

图 6 - 1　【例 6.4】算法

编写程序：

```
#include < stdio. h >
int main ( )
{
    int i, max, a [10];
    printf("input 10 numbers: \ n");
    for (i = 0; i < 10; i ++)
        scanf("% d", &a [i]);
    max = a [0];
    for (i = 1; i < 10; i ++)
        if(a [i] > max)
            max = a [i];
    printf("maxmum = % d \ n", max);
    return 0;
}
```

运行结果：

```
input 10 numbers：
10 35 28 20 15 5 12 80 22 60
maxmum＝80
```

本例程序中第一个 for 语句逐个输入 10 个数到数组 a 中，然后把 a［0］送入 max 中。在第二个 for 语句中，从 a［1］到 a［9］逐个与 max 中的内容比较，若比 max 的值大，则把该下标变量送入 max 中，因此 max 总是在已比较过的下标变量中为最大者。比较结束，输出 max 的值。

6.2.2　二维数组

前面介绍的数组只有一个下标，称为一维数组，其数组元素也称为单下标变量。在实际问题中经常遇到具有多行多列的数据表格，如本章项目中处理一个班级所有学生的学号和姓名问题，用一维数组不能准确地表达出来，因此 C 语言允许定义和使用多维数组。

多维数组元素有多个下标，以标识它在数组中的位置，所以也称为多下标变量。其中最简单、最常用的是二维数组。本小节只介绍二维数组，多维数组可由二维数组类推而得到。

1. 二维数组的定义

二维数组定义的一般形式是：

类型说明符 数组名［常量表达式1］［常量表达式2］

举例：

int a［3］［4］；

定义了一个 3×4（3 行 4 列）的数组，数组名为 a，其下标变量的类型为整型。该数组的下标变量共有 3×4 个，即：

a［0］［0］，a［0］［1］，a［0］［2］，a［0］［3］
a［1］［0］，a［1］［1］，a［1］［2］，a［1］［3］
a［2］［0］，a［2］［1］，a［2］［2］，a［2］［3］

说明：

（1）常量表达式 1 表示第一维下标的长度，常量表达式 2 表示第二维下标的长度。

（2）数组是一种构造类型的数据。二维数组可以看作是由一维数组的嵌套而构成的。设一维数组的每个元素又都是一个数组，就组成了二维数组。根据这样的分析，一个二维数组也可以分解为多个一维数组。C 语言允许这种分解。

如二维数组 a［3］［4］，可分解为三个一维数组，其数组名分别为：

a [0]

a [1]

a [2]

对这三个一维数组不需另作说明即可使用。这三个一维数组都有 4 个元素，如图 6-2 所示。

二维数组	一维数组名	数组元素
a	a [0]	a [0] [0], a [0] [1], a [0] [2], a [0] [3]
	a [1]	a [1] [0], a [1] [1], a [1] [2], a [1] [3]
	a [2]	a [2] [0], a [2] [1], a [2] [2], a [2] [3]

图 6-2　二维数组 a [3] [4] 的组成

必须强调的是，a [0]，a [1]，a [2] 不能当作下标变量使用，它们是数组名，不是一个单纯的下标变量。

（3）二维数组在概念上是二维的，即是说其下标在两个方向上变化，下标变量在数组中的位置也处于一个平面之中，而不是像一维数组只是一个向量。但是，实际的硬件存储器却是连续编址的，也就是说存储器单元是按一维线性排列的。

如何在一维存储器中存放二维数组，可有两种方式：

一种是按行排列，即放完一行之后顺次放入第二行。

另一种是按列排列，即放完一列之后再顺次放入第二列。

在 C 语言中，二维数组是"按行存放"的，如图 6-3。

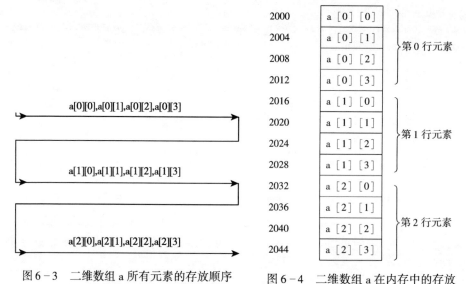

图 6-3　二维数组 a 所有元素的存放顺序　　图 6-4　二维数组 a 在内存中的存放

　　先存放 a［0］行，再存放 a［1］行，最后存放 a［2］行。每行中有四个元素也是依次存放。由于数组 a 说明为 int 类型，该类型占两个字节的内存空间，所以每个元素均占有两个字节。假设数组 a 在内存中从 2000 字节开始的一段内存单元中，一个元素占 4 个字节，则数组 a 在内存中的存放情况如图 6-4 所示。

2. 二维数组的初始化

　　二维数组的初始化跟一维数组类似，也是在类型说明时给各下标变量赋以初值。二维数组可以按行分段赋值，也可以按行连续赋值。

　　（1）按行分段给数组中的全部元素赋初值

　　举例：

int a［3］［3］=｜｜70，75，92｜，｜71，65，71｜，｜79，63，70｜｜；

　　这种赋值比较直观，把第一段数据 ｜70，75，92｜ 分别赋给第 0 行的 3 个元素，把第二段数据 ｜71，65，71｜ 分别赋给第 1 行的 3 个元素，依次类推，即完成按行分段赋初值。

　　（2）按行连续给数组中的全部元素赋初值

　　举例：

int a［3］［3］=｜80，75，92，61，65，71，59，63，70｜；

　　这种赋值的结果跟第（1）种是完全相同的。是将所有的数据连续写在一个花括号内，系统按数组元素的排列次序对各个元素赋初值。

　　对二维数组的初始化赋值还有一些特殊情况：

　　1）给数组中的部分元素赋初值，未赋值的元素自动取 0。

　　例如：

int a［3］［3］=｜｜1｜，｜2｜，｜3｜｜；

　　是对每一行的第一列元素赋值，未赋值的元素取 0 值。赋值后各元素的值为：

1 0 0
2 0 0
3 0 0

　　例如：

int a［3］［3］=｜｜0，1｜，｜0，0，2｜，｜3｜｜；

　　赋值后的元素值为：

0 1 0
0 0 2
3 0 0

例如：

int a［3］［3］=｛｛1｝,｛0, 0, 2｝,｝;

赋值后的元素值为：

1 0 0

0 0 2

0 0 0

这种形式的赋值在数组非 0 元素比较少的情况下比较方便，不必将所有的 0 都写出来，只需输入少量数据。

2）当对数组中的全部元素赋初值时，可以定义数组时省略第一维的长度。

例如：

int a［3］［3］=｛1, 2, 3, 4, 5, 6, 7, 8, 9｝;

可以写为：

int a［ ］［3］=｛1, 2, 3, 4, 5, 6, 7, 8, 9｝;

或者

int a［ ］［3］=｛｛1, 2, 3｝,｛4, 5, 6｝,｛7, 8, 9｝｝;

系统会根据数据总个数和第二维的长度算出第一维的长度，数组元素个数＝第一维的长度×第二维的长度。一共 9 个数，第二维长度是 3，即每行有 3 个元素，显然可以算出长度为 3。注意，第二维的长度不能省略。

3）当对数组中的部分元素赋初值时，也可以定义数组时省略第一维的长度，但这种形式的赋值，只能使用按行分段赋值。

例如：

int a［3］［3］=｛｛1, 2｝,｛4｝,｛0, 8｝｝;

可以写为：
或者

int a［ ］［3］=｛｛1, 2｝,｛4｝,｛0, 8｝｝;

赋值后数组各元素为：

1 2 0

4 0 2

0 8 0

3. 二维数组元素的引用

同一维数组一样，二维数组也不能直接使用数组名引用整个数组，而是通过逐个访问数组元素来使用数组。

二维数组的元素也称为双下标变量，其表示的形式为：

数组名［下标］［下标］

举例：

a［3］［4］＝5；

表示给 a 数组第三行第四列的元素赋值为 5。

说明：

（1）下标应为整型常量或整型表达式。

（2）下标取值从 0 开始，最大值是定义数组时给出的维数的长度减 1。

例如：int a［3］［4］；

定义了数组 a 是一个 3 行 4 列的二维数组，其行下标取值范围是 {0，1，2}，列下标取值范围是 {0，1，2，3}。因此 a［0］［0］，a［0］［1］，a［0］［3］，a［2］［0］，a［2］［3］等都是合法的，而 a［1］［4］，a［3］［0］，a［3］［4］等都是非法的，因为行下标或列下标超出了有效范围，即下标越界了。

（3）下标变量和数组说明在形式中有些相似，但这两者具有完全不同的含义。数组说明的方括号中给出的是某一维的长度，即可取下标的最大值；而数组元素中的下标是该元素在数组中的位置标识。前者只能是常量，后者可以是常量，变量或表达式。

4. 二维数组的输入与输出

（1）二维数组的输入

二维数组元素赋值的方法和一维数组一样，也是除了初始化赋值以外，还可以在程序运行期间用赋值语句或格式化输入函数 scanf（　）为数组元素动态赋值。但是要用两个循环语句来实现。

用赋值语句赋值

例如：

```
int i, j, a［3］［3］;
for (i=0; i<=2; i++)
for (j=0; j<=2; j++)
    a［i］［j］=i+j
```

赋值后数组各元素值为：

0 1 2

1 2 3

2 3 4

使用格式化输入函数 scanf( ) 为数组元素动态赋值

例如：

```
int i, j, a [3] [3];
for (i = 0; i <= 2; i ++ )
    for (j = 0; j <= 2; j ++ )
        scanf("% d", $ a [i] [j]);
```

（2）二维数组的输出

一般在两层循环中用格式化输出函数 printf( ) 将数组元素逐个输出。

例如：

```
int i, j, a [3] [3];
for (i = 0; i <= 2; i ++ )
    for (j = 0; j <= 2; j ++ )
        printf("% d", a [i] [j]);
```

5. 程序举例

【例6.5】定义一个二维数组并直接初始化，并输出所有数组元素。

```
#include < stdio. h >
int main ( )
{
    int a [3] [4] = {{1, 2, 3, 4}, {5, 6, 7, 8}, {9, 10, 11, 12}};
    int i, j;
    for (i = 0; i < 3; i ++ )
    {
        for (j = 0; j < 4; j ++ )
            printf("% 3d", a [i] [j]);
        printf(" \ n");
    }
    return 0;
}
```

运行结果：

```
1  2   3   4
5  6   7   8
9  10  11  12
```

【例6.6】定义一个二维数组，从键盘输入数据赋值，并输出所有数组元素。

```
#include < stdio. h >
int main ( )
{
    int a [3] [4];
    int i, j;
    printf("请输入 12 个数：\ n");
    for (i = 0; i < 3; i + + )
        for (j = 0; j < 4; j + + )
            scanf("% d", &a [i] [j]);
    printf("二维数组 a [3] [4] 所有元素的值为：\ n");
    for (i = 0; i < 3; i + + )
    {
        for (j = 0; j < 4; j + + )
            printf("% 3d", a [i] [j]);
        printf("\ n");
    }
    return 0;
}
```

运行结果：

```
请输入 12 个数：
5 10 15 20 25 30 35 40 45 50 55 60
二维数组 a [3] [4] 所有元素的值为：
 5 10 15 20
25 30 35 40
45 50 55 60
```

【例 6.7】一个学习小组有 5 个人，每个人有三门课的考试成绩。求全组分科的平均成绩和各科总平均成绩。

姓名	Math	C	English
张三	80	78	59
王五	75	89	63
李四	59	71	70
赵明	86	83	91
周庆	75	69	79

算法分析：可设一个二维数组 a［5］［3］存放五个人三门课的成绩。再设一个一维数组 v［3］存放所求的各分科平均成绩，设变量 average 为全组各科总平均成绩。

编写程序：

```
#include < stdio. h >
int main （ ）
{
    int i, j, s = 0, average, v［3］;
    int a［5］［3］= { {80, 78, 59}, {75, 89, 63}, {59, 71, 70}, {86, 83, 91},
{75, 69, 79} };
    for （i = 0; i < 3; i ++）
    {
        for （j = 0; j < 5; j ++）
            s = s + a［j］［i］;
        v［i］= s/5;
        s = 0;
    }
    average = （v［0］ + v［1］ + v［2］） /3;
    printf（"Math:% d \ nC language:% d \ nEnglish:% d \ n", v［0］, v［1］, v［2］）;
    printf（"Total:% d \ n", average）;
    return 0;
}
```

运行结果：

```
Math：75
C language：78
English：72
Total：75
```

程序中首先将学习小组 5 个人三门课程的成绩初始化赋值到二维数组 a［5］［3］中，然后用了一个双重循环引用数组中的元素。在内循环中依次读入某一门课程的各个学生的成绩，并把这些成绩累加起来，退出内循环后再把该累加成绩除以 5 送入 v［i］之中，这就是该门课程的平均成绩。外循环共循环三次，分别求出三门课各自的平均成绩并存放在 v 数组之中。退出外循环之后，把 v［0］，v［1］，v［2］相加除以 3 即得到各科总平均成绩。最后按题意输出各个成绩。

【例6.8】请将【例6.7】设计成一个通用的程序，分别计算每个学习小组的分科的平均成绩和各科总平均成绩。

算法分析：可将存放每个小组五个人三门课成绩的二维数组 a［5］［3］用格式化输入函数赋值。

编写程序：

```
#include < stdio. h >
int main ( )
{
    int i, j, s = 0, average, v [3], a [5] [3];
    printf("input score \ n");
    for (i = 0; i < 3; i ++)
    {
        for (j = 0; j < 5; j ++)
        {
            scanf("% d", &a [j] [i]);
            s = s + a [j] [i];
        }
        v [i] = s/5;
        s = 0;
    }
    average = (v [0] + v [1] + v [2]) /3;
    printf("Math:% d \ nC languag:% d \ nEnglish:% d \ n", v [0], v [1], v [2]);
    printf("Total:% d \ n", average);
    return 0;
}
```

运行结果：

```
input score：
60 70 74 88 79 82 92 65 86 77 69 75 80 71 83
Math：74
C language：80
English：75
Total：76
```

【例6.9】有一个3×3的矩阵a，如下所示，编程计算两条对角线上所有元素之和。

$$a = \begin{bmatrix} 1 & 2 & 3 \\ 4 & 5 & 6 \\ 7 & 8 & 9 \end{bmatrix}$$

算法分析：矩阵中的数据位置需要知道它所在的行号和列号，才能唯一确定，这和二维数组的存储结构是一致的，所以该问题需要用二维数组来处理。

需要定义一个数组 a 为 3 行 3 列，初始赋值为矩阵 a 中的 9 个数。

数组 a 主对角线上的元素为 a [0] [0]、a [1] [1]、a [2] [2]，我们发现每个元素的行下标和列下标的值是相同的，则各元素可表示为 a [i] [i]。

数组 a 次对角线上的元素为 a [0] [2]、a [1] [1]、a [2] [0]，我们发现每个元素的行下标和列下标的和为 2，则各元素可表示为 a [i] [2-i]。

所以，利用循环就能方便地求出矩阵 a 的两条对角线上所有元素之和。

注意，两条对角线重复的元素 a [1] [1] 累计了两次，最后减去一次。

编写程序：

```
#include < stdio. h >
#include " iostream. h"
int main ( )
{
    int a [3] [3] = {1, 2, 3, 4, 5, 6, 7, 8, 9}, sum = 0, i;
    for (i = 0; i < 3; i ++)        //求主对角线上的元素之和
        sum + = a [i] [i];
    for (i = 0; i < 3; i ++)        //求次对角线上的元素之和
        sum + = a [i] [2-i];
    sum - = a [1] [1];              //重复的中间的数 a [1] [1] 加了两次，减去一次
    printf(" sum = % d \ n", sum);
    return 0;
}
```

运行结果：

```
sum = 25
```

6.3 项目分析与实现

某班级有 20 名同学，期末考试结束后，班主任要按照学号顺序统计所有同学的总成绩，然后按总成绩由高到低的顺序排名并公示，用 C 语言怎样实现呢？

6.3.1 算法分析

这是一个典型的排序问题，要按照学生的总成绩由高到低排名。要解决此类问题，关键是寻找合适的排序方法。典型的排序方法有冒泡排序法和选择排序法。本项目分别采用两种方法进行排序。

方法一：冒泡排序法

准备：数据（用二维数组保存学号和成绩）

算法分析：冒泡排序法的基本思路是将相邻两个成绩比较大小，将大的数调整到前面，小的数调到后面，直到最后两个数比较调整完毕，第一趟比较完成，则最小的数移到最后一个位置。第二趟再用同样的方法调整其余的数，比较调整完毕后第二小的数移到倒数第二的位置……以此类推，20名同学的成绩比较19趟即可得到最终的由高到低成绩。

以5名学生的成绩（80，95，70，85，75）降序排序为例，冒泡排序过程如下：

第一趟冒泡：

80	95	95	95	95
95	80	80	80	80
70	70	70	85	85
85	85	85	70	75
75	75	75	75	70

每次都是将相邻的两个数比较，将大数向上"冒"，小数向下"沉"，经过第一趟冒泡后，最小的数70沉到最下面。

按上述方法对其余的数进行第二趟冒泡排序，一共经过4趟冒泡，得到最终排序结果。

本项目冒泡排序法的算法，用N-S图表示如图6-5所示。

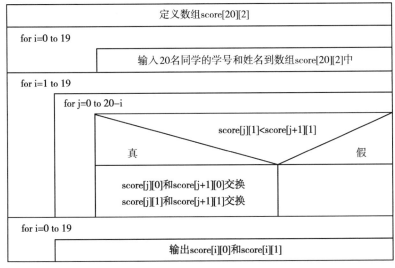

图6-5 冒泡排序法成绩排名N-S图

方法二：选择排序法

准备：数据（用二维数组保存学号和成绩）

算法分析：选择排序法基本思路是每次从所有学生的成绩中选出最大值，然后与待排成绩序列的第一个成绩交换位置。依次对后面的未排成绩序列进行排序，即可得到最后的排序结果。

以 5 名学生的成绩（80，95，70，85，75）降序排序为例，选择排序过程如下：

原始顺序	第 1 趟排序	第 2 趟排序	第 3 趟排序	第 4 趟排序
80	95	95	95	95
95	80	85	85	85
70	70	70	80	80
85	85	80	70	75
75	75	75	75	70

本项目选择排序法的算法，用 N－S 图表示如图 6－6 所示。

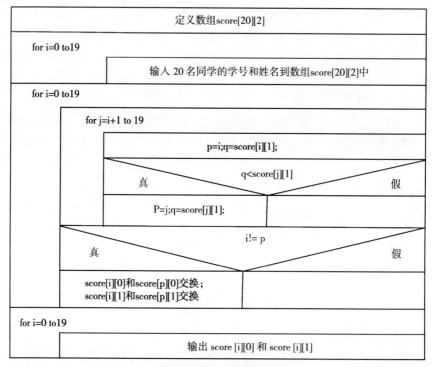

图 6－6　选择排序法成绩排名 N－S 图

6.3.2 项目实现

源代码：

方法一：冒泡排序法

```
/*制作简易成绩单*/
#include <stdio.h>
#define N 20
int main ( )
{
    int score [N] [2], i, j, t;
    printf("请输入%d名同学的学号、成绩：\n", N);
    for (i=0; i<N; i++)
        scanf("%d%d", &score [i] [0], &score [i] [1]);
    for (i=1; i<N; i++)        //按照成绩由高到低排序
        for (j=0; j<N-i; j++)
            if( score [j] [1]  < score [j+1] [1])
            {
                t = score [j] [0];
                score [j] [0] = score [j+1] [0];
                score [j+1] [0] = t;
                t = score [j] [1];
                score [j] [1] = score [j+1] [1];
                score [j+1] [1] = t;
            }
    printf("按总成绩由高到低排序后：\n");
    for (i=0; i<N; i++)
        printf("%12d%12d\n", score [i] [0], score [i] [1]);
    return 0;
}
```

方法二：选择排序法

```
/*制作简易成绩单*/
#include <stdio.h>
#define N 20
int main ( )
{
    int score [N] [2], i, j, p, q, s;
    printf("请输入%d名同学的学号、成绩：\n", N);
    for (i=0; i<N; i++)
        scanf("%d%d", &score [i] [0], &score [i] [1]);
```

```
for (i = 0; i < N − 1; i ++)
{
    p = i; q = score [i] [1];
    for (j = i + 1; j < N; j ++)
        if(q < score [j] [1])
        {
            p = j; q = score [j] [1];
        }
    if(i ! = p)
    {
        s = score [i] [0];
        score [i] [0] = score [p] [0];
        score [p] [0] = s;
        s = score [i] [1];
        score [i] [1] = score [p] [1];
        score [p] [1] = s;
    }
}
printf("按总成绩由高到低排序后：\ n");
for (i = 0; i < N; i ++)
    printf("%12d%12d\ n", score [i] [0], score [i] [1]);
return 0;
}
```

运行结果：

为方便程序调试，我们将两种方法中的语句

#define N 20

都改为

#define N 5

两种方法的运行结果相同：

```
请输入 5 名同学的学号、成绩：
201801 80 201802 75 201803 79 201804 62 201805 88
按总成绩由高到低排序后：
        201805        88
        201801        80
        201803        79
        201802        75
        201804        62
```

分析总结：

数组是程序设计中最常用的数据结构。本项目中处理的数据都是数值型，存放数值型数据的数组为数值数组（整数组，实数组），后续我们还会学习到处理其他类型数据的数组，如字符数组，指针数组，结构数组等。

数组可以是一维的，二维的或多维的，本项目中需要处理所有学生的学号和总成绩，需要定义二维数组，第一维存放学号，第二维存放总成绩。

对数组的赋值可以用数组初始化赋值，输入函数动态赋值和赋值语句赋值三种方法实现。对数值数组不能用赋值语句整体赋值、输入或输出，而必须用循环语句逐个对数组元素进行操作。本项目中需要先按学号顺序统计所有同学的总成绩，因此需要使用格式化输入函数 scanf( ) 动态赋值，使用双重循环语句逐个将所有同学的学号和总成绩赋值给数组元素。

本项目要解决的问题是一个典型的排序问题。排序的规律有两种：一种是"升序"即从小到大排序；另一种是"降序"，即从大到小排序。可以把此类问题抽象为一般形式：对 n 个数进行排序。

排序方法是一种典型的 C 语言算法。排序方法有很多，比较典型的有"冒泡法排序"和"选择法排序"。

冒泡法排序算法类似于水中的气泡逐步上浮冒出水面，也叫"起泡法排序"，本项目是由大到小排序，因此每一趟排序是将大数冒泡到前面，最小的沉到最后。如果是由小到大排序，则每一趟排序是将小数冒泡到前面，最大的沉到最后。n 个数排序需要冒泡 n–1 趟。

选择法排序算法是每一趟排序从待排序列中选出最大值（由大到小排序）或最小值（由小到大排序），与待排序列的第一个元素交换位置，n 个数排序需要选择交换 n–1 趟。

通过本项目要着重掌握排序的算法，应怎样构思解题思路，从而设计良好的算法。

6.4 知识拓展

6.4.1 字符数组

通过前面的学习，数组中存放的数据都是数值型，因此称为数值数组。数组中除了可以存放数值型数据以外，还可以存放其他类型的数据，如果数组存放字符数据，则称为字符数组。字符数组中的一个数组元素存放一个字符。

C 语言中有字符型常量和字符型变量，还有字符串常量，但是没有字符串变量，字符串的存储与处理要通过字符数组来实现。

字符数组与数值数组一样，必须同数组元素来访问，根据实际问题的需要，也可将字符数组定义为一维数组、二维数组或多维数组。

1. 字符数组的定义

定义字符数组的形式与前面介绍的数值数组相同。

（1）一维字符数组的定义格式

char 数组名［常量表达式］

例如：

char c［10］;　//定义了一个一维字符数组 c，包含 10 个元素。

说明：

在 C 语言中，字符是以其 ASCII 码值存储的，因此字符型和整型通用，也可以定义为 int c［10］，但这时每个数组元素占 2 个字节的内存单元，比较浪费存储空间。

（2）二维字符数组的定义格式

char 数组名［常量表达式 1］［常量表达式 2］

例如：

char c［3］［5］;　//定义了一个二维字符数组 c，包含 3 行 5 列，3 × 5 = 15 个元素。

2. 字符数组的初始化

字符数组也允许在定义时使用初始化列表进行初始化赋值。

（1）一维字符数组的初始化格式

char 数组名［整型常量表达式］= {字符常量列表};

例如：

char c［10］= {'c',' ','p','r','o','g','r','a','m'};

说明：

①如果定义数组时没有初始化，则数组中各个元素的值是不可预料的。

②如果花括号中定义的字符常量个数大于数组长度，则出现语法错误。

③如果花括号中定义的字符常量个数小于数组长度，则自动赋值给数组前面的元素，后面的元素自动定义为空字符，即'\0'。

④如果如果花括号中定义的字符常量个数等于数组长度，即需要对数组所有元素赋值时，在定义数组时可省略数组长度。这样可以不必关心字符的个数，赋值时比较方便。

例如：

char c［ ］= {'c',' ','p','r','o','g','r','a','m'};

这时 C 数组的长度自动定为 9。

（2）二维字符数组的初始化格式

char 数组名［整型常量表达式1］［整型常量表达式2］={｛字符常量列表1｝｛字符常量列表2｝……｛字符常量列表 n｝｝；

例如：

char c［3］［3］={｛'a','b','c'｝,｛'d','e','f'｝,｛'g','h','i'｝｝；

（3）字符串和字符串结束标志

对字符数组的初始化，C 语言还允许直接采用字符串方式。

在 C 语言中没有专门的字符串变量，通常用一个字符数组来存放一个字符串。通过前面的学习，我们知道字符串常量总是以' \0'作为串的结束符。因此我们可以把一个字符串和结束符' \0'一起存入一个字符数组，以结束符' \0'作为该字符串是否结束的标志。有了' \0'标志后，就不必再用字符数组的长度来判断字符串的长度了。

例如：

char c［］={'c',' ','p','r','o','g','r','a','m'｝；

可写为：

char c［］={"c program"｝；

或去掉 ｛｝ 写为：

char c［］="c program"；

用字符串方式赋值比用字符逐个赋值要多占一个字节，用于存放字符串结束标志' \0'。上面的数组 c 在内存中的实际存放情况如图6-7所示。

c［0］	c［1］	c［2］	c［3］	c［4］	c［5］	c［6］	c［7］	c［8］	c［9］
c	空格	p	r	o	g	r	a	m	\0

图6-7 字符数组 c 在内存中的存储

其中最后一个元素 c［9］未赋值，它的值为系统自动赋予' \0'值，其 ASCII 值为0。由于采用了' \0'标志，所以在用字符串赋初值时一般无须指定数组的长度，而由系统自行处理。

注意：用字符串方式赋值时，因为除了要把初始化列表中的字符串顺序赋值给相应的字符数组元素外，还要最后加一个字符串结束标志' \0'，因此数组在内存中要比逐个字符赋值多占一个字节的空间。' \0'是由 C 编译系统自动加上的，它的 ASCII 码值是0，是一个"空操作符"，即什么也不做。因此用它作为字符串结束标志，不会增加附加操作，在输出时也不显示。

3. 字符数组元素的引用

（1）一维字符数组引用格式

数组名［下标］

例如：

c［0］

（2）二维字符数组引用格式

数组名［下标1］［下标2］

例如：

c［0］［3］

4. 字符数组的输入输出

字符数组的输入和输出有两种情况。

（1）单字符输入输出

输入格式：

scanf("%c"，& 数组名［下标］)；

输出格式：

printf("%c"，数组名［下标］)；

举例：

```
char c ［5］；
for (i＝0；i＜5；i＋＋)
    scanf("%c"，&c ［i］)；
for (i＝0；i＜5；i＋＋)
    printf("%c"，c ［i］)；
```

说明：

单字符输入输出要用 printf 函数和 scanf 函数格式符"%c"，要遍历所有元素需结合循环语句使用。

【例6.10】

```
#include < stdio. h >
int main ( )
{
    int i，j；
    char a ［ ］［5］＝{{'B','A','S','I','C',},{'d','B','A','S','E'}}；
    for (i＝0；i＜＝1；i＋＋)
    {
        for (j＝0；j＜＝4；j＋＋)
```

```
        printf("%c", a[i][j]);
    printf("\n");
    }
    return 0;
}
```

运行结果:

```
BASIC
dBASE
```

本例的二维字符数组由于在初始化时全部元素都赋以初值，因此一维下标的长度可以不加以说明。

(2) 字符串输入输出

输入格式:

scanf("%s", 数组名);

输出格式:

printf("%s", 数组名);

举例:

```
char c[5];
scanf("%s", &c);
printf("%s", c);
```

说明: 在采用字符串方式后，字符数组可以使用 printf 函数和 scanf 函数格式符 "%s" 一次性输入输出一个字符数组中的字符串，而不必使用循环语句逐个地输入输出每个字符，变得简单方便了。

【例 6.11】

```
#include <stdio.h>
int main()
{
    char c[] = "BASIC\ndBASE";
    printf("%s\n", c);
    return 0;
}
```

运行结果:

```
BASIC
dBASE
```

注意在本例的 printf 函数中，使用的格式字符串为 "%s"，表示输出的是一个字符串。而在输出表列中给出数组名则可。不能写为：

```
printf("%s", c [ ]);
```

【例 6.12】

```
#include < stdio. h >
int main ( )
{
    char str [15];
    printf("Input string：\ n");
    scanf("%s", str);
    printf("The string is:%s \ n", str);
    return 0;
}
```

运行结果：

```
Input string：
BASIC
The string is：BASIC
```

本例中由于定义数组长度为 15，因此输入的字符串长度必须小于 15，以留出一个字节用于存放字符串结束标志' \ 0'。应该说明的是，对一个字符数组，如果不作初始化赋值，则必须说明数组长度。还应该特别注意的是，当用 scanf 函数输入字符串时，字符串中不能含有空格，否则将以空格作为串的结束符。

例如当输入的字符串中含有空格时，运行情况为：

```
Input string：
BASIC dBASE
The string is：BASIC
```

从输出结果可以看出，只输出了空格之前的字符串 BASIC，而空格以后的字符都未能输出。为了避免这种情况，可多设几个字符数组分段存放含空格的串。

程序可改写如下：

【例 6.13】

```
#include < stdio. h >
int main ( )
{
    char str1 [6], str2 [6];
    printf("Input string：\ n");
    scanf("%s%s", str1, str2);
```

```
    printf("The string is:% s % s \ n", str1, str2);
    return 0;
}
```

运行结果：

```
Input string：
BASIC dBASE
The string is：BASIC dBASE
```

本程序分别设了两个数组，输入的一行字符的空格分段分别装入两个数组。然后分别输出这两个数组中的字符串。

在前面介绍过，scanf( ) 的各输入项必须以地址方式出现，如 &a，&b 等。但在上例中却是以数组名方式出现的，这是为什么呢?

这是由于在 C 语言中规定，数组名就代表了该数组的首地址。整个数组是以首地址开头的一块连续的内存单元。

如有字符数组 char c ［10］，在内存可表示如图 6 - 8 所示。

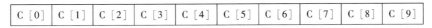

C ［0］	C ［1］	C ［2］	C ［3］	C ［4］	C ［5］	C ［6］	C ［7］	C ［8］	C ［9］

图 6 - 8　数组 c 在内存中的存储情况

设数组 c 的首地址为 2000，也就是说 c ［0］ 单元地址为 2000。则数组名 c 就代表这个首地址。因此在 c 前面不能再加地址运算符 &。如写作 scanf("% s"，&c)；则是错误的。在执行函数 printf("% s"，c) 时，按数组名 c 找到首地址，然后逐个输出数组中各个字符直到遇到字符串终止标志' \ 0' 为止。

5. 常用的字符串处理函数

C 语言提供了丰富的字符串处理函数，大致可分为字符串的输入、输出、合并、修改、比较、转换、复制、搜索几类。使用这些函数可大大减轻编程的负担。用于输入输出的字符串函数，在使用前应包含头文件"stdio. h"，使用其他字符串函数则应包含头文件"string. h"。

下面介绍几个最常用的字符串函数。

（1）字符串输出函数 puts

格式：puts（字符数组名）

功能：把字符数组中的字符串输出到显示器。即在屏幕上显示该字符串。

【例6.14】

```
#include < stdio. h >
int main ( )
{
```

```
char c [ ] = "BASIC\ ndBASE";
puts (c);
return 0;
}
```

运行结果：

```
BASIC
dBASE
```

从程序结果中可以看出 puts 函数中可以使用转义字符，因此输出结果成为两行。puts 函数完全可以由 printf 函数取代。当需要按一定格式输出时，通常使用 printf 函数。

（2）字符串输入函数 gets

格式：gets（字符数组名）

功能：从标准输入设备键盘上输入一个字符串。

本函数返回一个函数值，即为该字符数组的首地址。

【例 6.15】

```
#include < stdio. h >
int main ( )
{
    char str [15];
    printf("Input string：\ n");
    gets (str);
    printf("The string is:");
    puts (str);
    return 0;
}
```

运行结果：

```
Input string：
BASIC dBASE
The string is：BASIC dBASE
```

可以看出当输入的字符串中含有空格时，输出仍为全部字符串。说明 gets 函数并不以空格作为字符串输入结束的标志，而只以回车作为输入结束。这是与 scanf 函数不同的。

（3）字符串连接函数 strcat

格式：strcat（字符数组名 1，字符数组名 2）

功能：把字符数组 2 中的字符串连接到字符数组 1 中字符串的后面，并删去字符串 1 后的串标志'\0'。本函数返回值是字符数组 1 的首地址。

【例 6.16】

```
#include < stdio. h >
#include < string. h >
int main ( )
{
    static char str1 [30] = "My name is ";
    char str2 [10];
    printf("Input your name: \n");
    gets (str2);
    strcat (str1, str2);
    puts (str1);
    return 0;
}
```

运行结果:

```
Input your name:
Liming
My name is Liming
```

本程序把初始化赋值的字符数组 str1 与动态赋值的字符串连接起来。要注意的是, 字符数组 str1 应定义足够的长度, 否则不能全部存储被连接的字符串。

(4) 字符串拷贝函数 strcpy ( )

格式: strcpy (字符数组名 1, 字符数组名 2)

功能: 把字符数组 2 中的字符串拷贝到字符数组 1 中。串结束标志'\0'也一同拷贝。字符数名 2, 也可以是一个字符串常量。这时相当于把一个字符串赋予一个字符数组。

【例 6.17】

```
#include < stdio. h >
#include < string. h >
int main ( )
{
    char str1 [15], str2 [ ] = "C Language";
    strcpy (str1, str2);
    puts (str1);
    printf(" \n");
    return 0;
}
```

运行结果：

C Language

本函数要求字符数组 str1 应有足够的长度，否则不能全部存储所拷贝的字符串。

（5）字符串比较函数 strcmp

格式：strcmp（字符数组名 1，字符数组名 2）

功能：按照 ASCII 码顺序比较两个数组中的字符串，并由函数返回值返回比较结果。

字符串 1 = 字符串 2，返回值 = 0

字符串 1 > 字符串 2，返回值 > 0

字符串 1 < 字符串 2，返回值 < 0

本函数也可用于比较两个字符串常量，或比较数组和字符串常量。

【例 6.18】

```
#include < stdio. h >
#include < string. h >
int main（  ）
{
    int k;
    static char str1［15］, str2［ ］ = "C Language";
    printf("Input a string：\ n");
    gets（str1）;
    k = strcmp（str1, str2）;
    if(k == 0)
        printf("str1 = str2 \ n");
    if(k > 0)
        printf("str1 > str2 \ n");
    if(k < 0)
        printf("str1 < str2 \ n");
    return 0;
}
```

运行结果：

Input a string：
BASIC
str1 < str2

本程序中把输入到数组 str1 中的字符串和数组 str2 中的串 "C Language"

比较，比较结果返回到 k 中，根据 k 值再输出结果提示串。当输入为 BASIC 时，由 ASCII 码可知"BASIC"小于"C Language"，故 k < 0，输出结果"str1 < str2"。

(6) 测字符串长度函数 strlen

格式：strlen（字符数组名）

功能：测字符串的实际长度（不含字符串结束标志' \ 0'）并作为函数返回值。

【例 6.19】

```
#include < stdio. h >
#include < string. h >
int main ( )
{
    int k;
    static char st [ ] = "C language";
    k = strlen (st);
    printf("The length of the string is % d \ n", k);
    return 0;
}
```

运行结果：

The length of the string is 10

本程序用 strlen ( ) 函数测试了字符串"C language"的长度为 10。

6.4.2 数组的深入应用

1. 矩阵转置

【例 6.20】

有一个 2 × 3 的矩阵 a，请将其转置为 3 × 2 的矩阵 b，并将 a 和 b 两个矩阵都显示出来。如下所示：

$$a = \begin{bmatrix} 1 & 2 & 3 \\ 4 & 5 & 6 \end{bmatrix} \qquad b = \begin{bmatrix} 1 & 4 \\ 2 & 5 \\ 3 & 6 \end{bmatrix}$$

算法分析：矩阵中的数据位置需要知道它所在的行号和列号，才能唯一确定，这和二维数组的存储结构是一致的，所以该问题需要用二维数组来处理。

需要定义两个数组分别存放两个矩阵。数组 a 为 2 行 3 列，初始赋值为矩阵 a 中的 6 个数。数组 b 为 3 行 2 列，开始时未赋值。然后利用嵌套的循环结构将 a 数组中的元素 a［i］［j］存放到 b 数组的 b［j］［i］元素中。

编写程序：

```
#include < stdio. h >
int main  (  )
{
    int a [2] [3] = {{1, 2, 3}, {4, 5, 6}};
    int b [3] [2], i, j;
    printf("array a: \ n");
    for (i = 0; i < 2; i ++)
    {
        for (j = 0; j < 3; j ++)
        {
            b [j] [i] = a [i] [j];
            printf("%5d", a [i] [j]);
        }
        printf(" \ n");
    }
    printf("array b: \ n");
    for (i = 0; i < 3; i ++)
    {
        for (j = 0; j < 2; j ++)
            printf("%5d", b [i] [j]);
        printf(" \ n");
    }
    return 0;
}
```

运行结果：

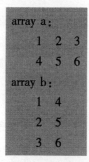

```
array a:
    1   2   3
    4   5   6
array b:
    1   4
    2   5
    3   6
```

2. 在已排序序列中插入数据

【例 6.21】把一个数组所有元素按由大到小排好序，然后把一个整数插入到已排好序的数组中，并保持数组仍然是由大到小排序。

算法分析：为了把一个数按大小插入已排好序的数组中，应首先把欲插入的数与数组中各数逐个比较，当找到第一个比插入数小的元素 i 时，该元素之前即为插入位置。然后从数组最后一个元素开始到该元素为止，逐个后移一个单元。最后把插入数赋予元素 i 即可。如果被插入数比所有的元素值都小，则插入到最后位置。

编写程序：

```c
#include < stdio. h >
int main ( )
{
    int i, j, p, q, s, n, a [11] ={127, 3, 6, 28, 54, 68, 87, 105, 162, 18};
    for (i =0; i <10; i ++ )
    {
        p =i;
        q =a [i];
        for (j =i +1; j <10; j ++ )
            if(q <a [j])
            {
                p =j;
                q =a [j];
            }
        if(p! =i)
        {
            s =a [i];
            a [i] =a [p];
            a [p] =s;
        }
        printf("%d ", a [i]);
    }
    printf(" \ ninput number: \ n");
    scanf("%d", &n);
    for (i =0; i <10; i ++ )
        if(n >a [i])
        {
            for (s =9; s >=i; s -- )
                a [s +1] =a [s];
            break;
        }
    a [i] =n;
    for (i =0; i <=10; i ++ )
```

```
        printf("%d", a[i]);
    printf("\n");
    return 0;
}
```

运行结果：

```
162 127 105 87 68 54 28 18 6 3
Input number:
50
162 127 105 87 68 54 50 28 18 6 3
```

本程序首先对数组 a 中的 10 个数从大到小排序并输出排序结果。然后输入要插入的整数 n。再用一个 for 语句把 n 和数组元素逐个比较，如果发现有 n>a[i] 时，则由一个内循环把 i 以下各元素值顺次后移一个单元。后移应从后向前进行（从 a[9] 开始到 a[i] 为止）。后移结束跳出外循环。插入点为 i，把 n 赋予 a[i] 即可。如所有的元素均大于被插入数，则并未进行过后移工作。此时 i=10，结果是把 n 赋予 a[10]。最后一个循环输出插入数后的数组各元素值。

程序运行时，输入数 50。从结果中可以看出 50 已插入到 54 和 28 之间。

3. 查找最大值

【例 6.22】在二维数组 a 中选出各行最大的元素组成一个一维数组 b。

$$a = \{3 \quad 16 \quad 87 \quad 65$$
$$4 \quad 32 \quad 11 \quad 108$$
$$10 \quad 25 \quad 12 \quad 37\}$$
$$b = \{87 \ 108 \ 37\}$$

算法分析：在数组 a 的每一行中寻找最大的元素，找到之后把该值赋予数组 b 相应的元素即可。

编写程序：

```
#include <stdio.h>
int main()
{
    int a[][4] = {3, 16, 87, 65, 4, 32, 11, 108, 10, 25, 12, 27};
    int b[3], i, j, 1;
    for (i=0; i<=2; i++)
    {
        1 = a[i][0];
        for (j=1; j<=3; j++)
```

```
            if(a [i] [j] >1)
        1 = a [i] [j];
        b [i] = 1;
    }
    printf(" \ narray a： \ n");
    for (i = 0; i <= 2; i ++)
    {
        for (j = 0; j <= 3; j ++)
            printf("%5d", a [i] [j]);
        printf(" \ n");
    }
    printf(" \ narray b： \ n");
    for (i = 0; i <= 2; i ++)
        printf("%5d", b [i]);
    printf(" \ n");
    return 0;
}
```

运行结果：

```
array a：
    3   16  87    65
    4   32  11   108
   10   25  12    27
array b：
   87  108  27
```

程序中第一个 for 语句中又嵌套了一个 for 语句组成了双重循环。外循环控制逐行处理，并把每行的第 0 列元素赋予 1。进入内循环后，把 1 与后面各列元素比较，并把比 1 大者赋予 1。内循环结束时 1 即为该行最大的元素，然后把 1 值赋予 b [i]。等外循环全部完成时，数组 b 中已装入了 a 各行中的最大值。后面的两个 for 语句分别输出数组 a 和数组 b。

4. 字符串排序

【例 6. 23】输入五个国家的名称按字母顺序排列输出。

算法分析：五个国家名应由一个二维字符数组来处理。然而 C 语言规定可以把一个二维数组当成多个一维数组处理。因此本题又可以按五个一维数组处理，而每一个一维数组就是一个国家名字符串。用字符串比较函数比较各一维数组的大小，并排序，输出结果即可。

编写程序：

```
#include < stdio. h >
#include < string. h >
int main ( )
{
    char st [20], cs [5] [20];
    int i, j, p;
    printf("Input country's name: \ n");
    for (i =0; i <5; i ++)
        gets (cs [i]);
    printf(" \ n");
    for (i =0; i <5; i ++)
    {
        p = i;
        strcpy (st, cs [i]);
        for (j = i +1; j <5; j ++)
            if( strcmp (cs [j], st) <0)
            {
                p = j; strcpy (st, cs [j]);
            }
            if( p! = i)
            {
                strcpy (st, cs [i]);
                strcpy (cs [i], cs [p]);
                strcpy (cs [p], st);
            }
        puts (cs [i]);
    }
    printf(" \ n");
    return 0;
}
```

运行结果：

```
Input country's name:
China
America
Italy
France
Japan
```

America
China
France
Italy
Japan

本程序的第一个 for 语句中，用 gets 函数输入五个国家名字符串。上面说过 C 语言允许把一个二维数组按多个一维数组处理，本程序说明 cs［5］［20］为二维字符数组，可分为五个一维数组 cs［0］，cs［1］，cs［2］，cs［3］，cs［4］。因此在 gets 函数中使用 cs［i］是合法的。在第二个 for 语句中又嵌套了一个 for 语句组成双重循环。这个双重循环完成按字母顺序排序的工作。在外层循环中把字符数组 cs［i］中的国名字符串拷贝到数组 st 中，并把下标 i 赋予 P。进入内层循环后，把 st 与 cs［i］以后的各字符串作比较，若有比 st 小者则把该字符串拷贝到 st 中，并把其下标赋予 p。内循环完成后如 p 不等于 i 说明有比 cs［i］更小的字符串出现，因此交换 cs［i］和 st 的内容。至此已确定了数组 cs 的第 i 号元素的排序值。然后输出该字符串。在外循环全部完成之后即完成全部排序和输出。

小结

在实际问题中，当需要处理批量相同类型的数据时，使用数组能够简化问题的复杂性。数组是相同类型数据元素的集合，按照数组元素的数据类型，可以把数组分为数值型数组和字符型数组。按数组下标个数又可以分为一维数组和多维数组。

数组必须先定义后使用，定义一个数组是为了给数组分配足够的存储空间，以保存每一个元素的值。

学习数组要注意数组元素的引用方法，下标从 0 开始；数组不能用赋值语句整体赋值、整体输入或输出，必须借助循环语句逐个对数组元素进行操作。一维数组、二维数组分别与单层、双层循环结合使用。

一维数组是学习数组的基础，应重点掌握一维数组的定义、引用和初始化方法，同时理解数组在计算机中的存储方式。

二维数组是解决矩阵等数学问题常用的存储结构，二维数组可以看成是一个特殊的一维数组，在计算机中按行存储数据。

C 语言中没有字符串类型，只能用字符数组表示字符串，每个字符串的尾部都有一个 '\0' 作为字符串的结束标志。字符串的赋值、比较和连接等操作不能直接使用关系运算符和赋值运算符，而要通过专用的字符串处理函数来实现，C 语言提供了丰富的字符串处理函数，如 strcat，strcmp，strlen 等，这也是作为初学者要重点掌握的。

习题 6

1. 对 10 个整数排序（由小到大），10 个整数用 scanf 函数输入。

2. 已有一个已排好序的数组，要求输入一个数后，按原来排序的规律将它插入数组中。

3. 将一个数组中的值按逆序重新存放。例如，原来顺序为 8、5、6、1、4，要求改为 4、1、6、5、8。

4. 找出一个二维数组中的鞍点，即该位置上的元素在该行上最大，在该列上最小，也可能没有鞍点。应当至少准备两组测试数据。

5. 编写一个程序，将两个字符串连接起来，不要用 strcat 函数。

6. 输出以下的杨辉三角（要求输出 10 行）：

```
1
1  1
1  2    1
1  3    3    1
1  4    6    4    1
1  5    10   10   5   1
        ……
```

项目七　汉诺塔
——函数

- **教学目标**

➤ 掌握函数的定义与调用方式，掌握函数定义、函数说明及函数调用的关系；

➤ 理解并分辨函数的嵌套调用与递归调用；

➤ 理解变量的存储类型及变量的生存期和作用域。

7.1　项目描述

法国数学家爱德华·卢卡斯曾编写过一个印度的古老传说：在世界中心贝拿勒斯（印度北部）的圣庙里，一块黄铜板上插着三根宝石针。印度教的主神梵天在创造世界的时候，在其中一根针上从下到上地穿好了由大到小的64片金盘，这就是所谓的汉诺塔。不论白天黑夜，总有一个僧侣在按照下面的法则移动这些金盘：一次只移动一个盘子，不管在哪根针上，小盘子必须在大盘子上面。僧侣们预言，当所有的金盘都从梵天穿好的那根针上移到另外一根针上时，世界就将在一声霹雳中消灭，而梵塔、庙宇和众生也都将同归于尽。编写程序演示盘子移动的步骤。

为方便程序调试，我们以4个盘子为例，程序运行的结果为：

```
input number:
4
the step to moving 4 diskes:
a -- > b
a -- > c
b -- > c
a -- > b
c -- > a
c -- > b
a -- > b
a -- > c
b -- > c
```

```
b - - > a
c - - > a
b - - > c
a - - > b
a - - > c
b - - > c
```

7.2 相关知识

7.2.1 函数的相关概念

虽然在前面各章介绍的程序中大都只有一个主函数 main（），但实际上程序往往由多个函数组成。

【例 7.1】求 n!

```
#include < stdio. h >
int main（）
{
    int fac（int x）；      //声明函数
    int n, s;
    scanf("% d", &n);
    s = fac（n）；          //调用函数
    printf("% d! = % d \ n", n, s);
    return 0;
}
int fac（int x）          //定义函数 fac
{
    int i, s = 1;
    for（i = 1; i <= x; i ++）
        s = s * i;
    return s;
}
```

在这个程序中，共有两个函数：一个是主函数 main（），它的功能是从键盘输入一个正整数 n，然后调用 fac（）函数计算并输出 n! 的值；另一个是函数 fac（），它的功能是计算阶乘值。

说明：

函数是 C 源程序的基本单位，通过对函数模块的调用实现特定的功能。C 语言中的函数相当于其他高级语言的子程序。C 语言不仅提供了极为丰富的库函数（如 scanf，printf 等），还允许用户自己定义函数。用户可把自己的算法编成一个个相对独立的函数模块，然后用调用的方法来使用这些函数模块。可以说 C 程序的全部工作都是由各式各样的函数完成的，所以也把 C 语言称为函数式语言。

在 C 语言中可从不同的角度对函数分类。

1. 从函数定义的角度看，函数可分为库函数和用户定义函数两种

（1）库函数：由 C 系统提供，用户无须定义，只需在程序前包含有该函数原型的头文件即可在程序中直接调用。在前面各章的例题中反复用到的printf、scanf、getchar、putchar、gets、puts、strcat 等函数均属此类。

（2）用户定义函数：由用户按照需求写的函数。对于用户自定义函数，不仅要在程序中定义函数本身，而且在主调函数模块中还必须对该被调函数进行类型说明，然后才能使用。

2. 从主调函数和被调函数之间数据传送的角度看又可分为无参函数和有参函数两种

（1）无参函数：函数定义、函数说明及函数调用中均不带参数。主调函数和被调函数之间不进行参数传送。此类函数通常用来完成一组指定的功能，可以返回或不返回函数值。

（2）有参函数：也称为带参函数。在函数定义及函数说明时都有参数，称为形式参数（简称为形参）。在函数调用时也必须给出参数，称为实际参数（简称为实参）。进行函数调用时，主调函数将把实参的值传送给形参，供被调函数使用。

在 C 语言中，所有的函数定义，包括主函数 main 在内，都是平行的。也就是说，在一个函数的函数体内，不能再定义另一个函数，即不能嵌套定义。但是函数之间允许相互调用，也允许嵌套调用。习惯上把调用者称为主调函数。函数还可以自己调用自己，称为递归调用。

main 函数是主函数，它可以调用其他函数，而不允许被其他函数调用。因此，C 程序的执行总是从 main 函数开始，完成对其他函数的调用后再返回到 main 函数，最后由 main 函数结束整个程序。一个 C 源程序必须有且只能有一个主函数 main。

7.2.2 函数定义

1. 函数定义

（1）无参函数的定义形式

类型标识符　函数名（）

{声明部分

语句

}

其中类型标识符和函数名称为函数头。类型标识符指明了本函数的类型，函数的类型实际上是函数返回值的类型。该类型标识符与前面介绍的各种说明符相同。函数名是由用户定义的标识符，函数名后有一个空括号，其中无参数，但括号不可少。

{ } 中的内容称为函数体。在函数体中声明部分，一般是对函数体内部所用到的变量的类型说明，还有用户自定义函数的说明。

在很多情况下都不要求无参函数有返回值，此时函数类型符可以写为 void。void 为空类型，代表没有返回值。

```
int main ( )
{
    printf("Hello, world \ n");
    return 0;
}
```

我们可以改写函数定义为：

```
void hello ( )
    {
        printf("Hello, world \ n");
    }
int main ( )
    {
        hello ( );
        return 0;
    }
```

这里，只把 main 改为 hello 作为函数名，其余不变。hello 函数是一个无参函数，当被其他函数调用时，输出 Hello, world 字符串。

（2）有参函数的定义形式

类型标识符 函数名（形式参数表列）

{声明部分

语句

}

有参函数比无参函数多了一个内容，即形式参数表列。在形参表中给出的参数称为形式参数，简称形参，它们可以是各种类型的变量，各参数之间用逗号间隔。在进行函数调用时，主调函数将赋予这些形式参数实际的值。形参既然是变量, 必须在形参表中给出形参的类型说明。

```
int sum (int x, int y)
{
    int s;
    s = x + y;
    return s;
}
```

在 sum 函数中, x, y 是形参, 函数返回值类型是 int。

【例 7.2】定义一个函数, 用于求两个数中较大的数。

```
int max (int a, int b)
{
    if(a > b)
        return a;
    else
        return b;
}
```

第一行说明 max 函数是一个整型函数, 其返回的函数值是一个整数。形参为 a, b 均为整型变量。a, b 的具体值是由主调函数在调用时传送过来的。在 { } 中的函数体内, 除形参外没有使用其他变量, 因此只有语句而没有声明部分。在 max 函数体中的 return 语句是把 a (或 b) 的值作为函数的值返回给主调函数。有返回值的函数至少应有一个 return 语句。

在 C 程序中, 一个函数的定义可以放在任意位置, 既可放在主函数 main 之前, 也可放在 main 之后。

函数首部后面不能加分号, 它和函数体一起构成完整的函数定义。

2. 函数返回值

函数的返回值是指函数被调用之后, 执行函数体中的程序段所取得的并返回给主调函数的值。如调用例 7.1 的 fac 函数取得的阶乘值等。对函数返回值 (或函数值) 有以下一些说明:

(1) 函数值只能通过 return 语句返回主调函数。

return 语句的一般形式为:

return 表达式;

该语句的功能是计算表达式的值, 并返回给主调函数。在函数中允许有多个 return 语句, 但每次调用只能有一个 return 语句被执行, 因此只能返回一个函数值。

```
int fun （int a, int b）
{if（a > b）
    return 1；
 else if（a == b）
    return 0；
 else
    return - 1；
 }
```

在 fun 函数中有三条 return 语句，但每次调用 fun 函数只有一个返回值。

（2）一般情况下表达式的类型和函数类型应保持一致。如果两者不一致，以函数类型为准。

（3）如函数值为整型，在函数定义时可以省去类型说明。

（4）不返回函数值的函数，可以明确定义为"空类型"，类型说明符为"void"。为了使程序有良好的可读性并减少出错，凡不要求返回值的函数都应定义为空类型。

7.2.3 函数调用

1. 形式参数和实际参数

函数的参数分为形参和实参两种。形参出现在函数定义中，在整个函数体内都可以使用，离开该函数则不能使用。实参出现在主调函数中，进入被调函数后，实参变量也不能使用。形参和实参的功能是数据传送。发生函数调用时，主调函数把实参的值传送给被调函数的形参从而实现主调函数向被调函数的数据传送。

函数的形参和实参具有以下特点：

（1）形参变量只有在被调用时才分配内存单元，在调用结束时，即刻释放所分配的内存单元。因此，形参只有在函数内部有效。函数调用结束返回主调函数后则不能再使用该形参变量。

（2）实参可以是常量、变量、表达式、函数等，无论实参是何种类型的量，在进行函数调用时，它们都必须具有确定的值，以便把这些值传送给形参。因此应预先用赋值、输入等办法使实参获得确定值。

（3）实参和形参在数量上，类型上，顺序上应严格一致，否则会发生类型不匹配的错误。

（4）函数调用中发生的数据传送是单向的。即只能把实参的值传送给形参，而不能把形参的值反向地传送给实参。因此在函数调用过程中，形参的值发生改变，而实参中的值不会变化。

【例7.3】

```
#include < stdio. h >
void function （int x，int y）                //③
{
    x=10；y=15；                            //④
    printf（"x=%d，y=%d\n"，x，y）；         //⑤
}
main （）
{
    int a=2，b=3；                          //①
    function （a，b）；                      //②
    printf（"a=%d，b=%d\n"，a，b）；         //⑥
}
```

程序运行结果：

x=10，y=15
a=2，b=3

分析上例执行过程如下：

（1）程序先执行语句①，之后执行语句②，调用 function （）函数，暂停 main （），将变量 a，b 的值传给形参 x，y；

（2）执行 function （）函数中的语句，系统给 x，y 分配空间，初值分别为2，3，然后变为10，15，执行输出语句，输出 x=10，y=15，函数运行结束，释放 x，y 的空间；

（3）程序执行回到 main （）函数，因为没有返回值，直接执行下面的输出语句，输出 a=2，b=3。

2. 函数调用的形式

C 语言中，函数调用的一般形式为：

函数名（实际参数表）

实际参数表中的参数可以是常数，变量或表达式。各实参之间用逗号分隔。

在 C 语言中，可以用以下几种方式调用函数：

（1）赋值语句

例如：

s=fac（n）；是一个赋值表达式语句，把 fac （）的返回值赋予变量 s。

（2）函数语句

函数调用的一般形式加上分号即构成函数语句。

例如：

```
printf("%d", a);
scanf("%d", &b);
```

都是以函数语句的方式调用函数。

（3）函数实参

函数作为另一个函数调用的实际参数出现。这种情况是把该函数的返回值作为实参进行传送，因此要求该函数必须是有返回值的。

例如：

```
printf("%d", fac(n));
```

3. 函数原型声明

C 语言要求函数先定义后调用，就像变量先定义后使用一样。如果用户自定义函数放在主调函数的后面，就需要在函数调用前，加上函数原型声明。函数声明的目的主要是说明函数的类型和参数的情况，以保证程序编译时能判断对该函数的调用是否正确。

其一般形式为：

类型说明符 被调函数名（类型 形参，类型 形参…）；

或为：

类型说明符 被调函数名（类型，类型…）；

即与函数定义中的第一行（函数首部）相同，并以分号结束。

虽然可以将主调函数放在被调函数的后面，从而不需做声明。但考虑到函数的执行顺序，在编程时一般都把主函数写在最前面，然后通过函数声明解决函数先调用后定义的矛盾。

4. 函数的递归调用

一个函数在它的函数体内调用它自身称为递归调用。这种函数称为递归函数。C 语言允许函数的递归调用。在递归调用中，主调函数又是被调函数。执行递归函数将反复调用其自身，每调用一次就进入新的一层。

例如有函数 f 如下：

```
int f(int x)
{
    int y;
    z = f(y);
    return z;
}
```

这个函数是一个递归函数。但是运行该函数将无休止地调用其自身，这当然是不正确的。为了防止递归调用无休止地进行，必须在函数内有终止递归调用的手段。常用的办法是加条件判断，满足某种条件后就不再作递归调用，然后逐层返回。下面举例说明递归调用的执行过程。

【例7.4】用递归法计算 n!

分析：

可用下述公式表示：

n! = 1　　　　（n = 0 或 1）
n * （n - 1）!　（n > 1）

按公式可编程如下：

```c
#include < stdio. h >
int main ( )
{
    int n;
    long fac ( int n );
    long y;
    printf(" \ ninput a inteager number： \ n");
    scanf("% d", &n);
    y = fac ( n );
    printf("% d! = % ld", n, y);
    return 0;
}
long fac ( int n )
{
    long f;
    if( n < 0)
        printf("n < 0, input error");
    else
        if( n == 0 || n == 1)
            f = 1;
        else
        f = fac ( n - 1 ) * n;
    return ( f );
}
```

程序运行结果：

```
input a integer number：
5
5! = 120
```

程序中给出的函数 fac 是一个递归函数。主函数调用 fac 后即进入函数 fac 执行，如果 n<0，n==0 或 n=1 时都将结束函数的执行，否则就递归调用 fac 函数自身。由于每次递归调用的实参为 n−1，即把 n−1 的值赋予形参 n，最后当 n−1 的值为 1 时再作递归调用，形参 n 的值也为 1，将使递归终止。然后可逐层退回。递归调用过程如图 7−1 所示：

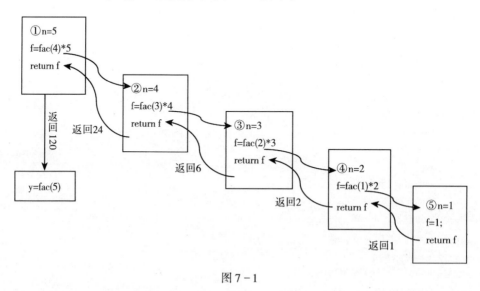

图 7−1

例 7.4 也可以不用递归的方法来完成。参考例 7.1

7.3 项目分析与实现

法国数学家爱德华·卢卡斯曾编写过一个印度的古老传说：在世界中心贝拿勒斯（印度北部）的圣庙里，一块黄铜板上插着三根宝石针。印度教的主神梵天在创造世界的时候，在其中一根针上从下到上地穿好了由大到小的 64 片金盘，这就是所谓的汉诺塔。不论白天黑夜，总有一个僧侣在按照下面的法则移动这些金盘：一次只移动一个盘子，不管在哪根针上，小盘子必须在大盘子上面。僧侣们预言，当所有的金盘都从梵天穿好的那根针上移到另外一根针上时，世界就将在一声霹雳中消灭，而梵塔、庙宇和众生也都将同归于尽。编写程序演示盘子移动的步骤。

7.3.1 算法分析

本项目算法分析如下，设 A 上有 n 个盘子。

如果 n=1，则将圆盘从 A 直接移动到 C。

如果 n = 2，则：

（1）将 A 上的 n-1（等于1）个圆盘移到 B 上；

（2）再将 A 上的一个圆盘移到 C 上；

（3）最后将 B 上的 n-1（等于1）个圆盘移到 C 上。

如果 n = 3，则：

（1）将 A 上的 n-1（等于2，令其为 n）个圆盘移到 B（借助于 C），步骤如下：

①将 A 上的 n-1（等于1）个圆盘移到 C 上；

②将 A 上的一个圆盘移到 B；

③将 C 上的 n-1（等于1）个圆盘移到 B。

（2）将 A 上的一个圆盘移到 C。

（3）将 B 上的 n-1（等于2，令其为 n）个圆盘移到 C（借助 A），步骤如下：

①将 B 上的 n-1（等于1）个圆盘移到 A；

②将 B 上的一个盘子移到 C；

③将 A 上的 n-1（等于1）个圆盘移到 C。

到此，完成了三个圆盘的移动过程。

从上面分析可以看出，当 n 大于等于 2 时，移动的过程可分解为三个步骤：

第一步 把 A 上的 n-1 个圆盘移到 B 上；

第二步 把 A 上的一个圆盘移到 C 上；

第三步 把 B 上的 n-1 个圆盘移到 C 上；其中第一步和第三步是类同的。

当 n = 3 时，第一步和第三步又分解为类同的三步，即把 n-1 个圆盘从一个针移到另一个针上，这里的 n = n-1。显然这是一个递归过程。

7.3.2 项目实现

源代码：

```
/*汉诺塔*/
#include <stdio.h>
int main ()
{
    int h;
    void move (int n, int x, int y, int z);
    printf(" \ ninput number: \ n");
```

```
        scanf("%d", &h);
        printf("the step to moving %2d diskes: \n", h);
        move (h,' a',' b',' c');
        return 0;
    }
void move (int n, int x, int y, int z)
    {
        if( n == 1)
          printf("%c -- >%c \ n", x, z);
        else
          {
          move (n-1, x, z, y);
          printf("%c -- >%c \ n", x, z);
          move (n-1, y, x, z);
          }
    }
```

运行结果：

当 n = 4 时程序运行的结果为：

```
input number：
4
the step to moving 4 diskes：
a -- >b
a -- >c
b -- >c
a -- >b
c -- >a
c -- >b
a -- >b
a -- >c
b -- >c
b -- >a
c -- >a
b -- >c
a -- >b
a -- >c
b -- >c
```

分析总结：

从程序中可以看出，move 函数是一个递归函数，它有四个形参 n，x，y，z。n 表示圆盘数，x，y，z 分别表示三根针。move 函数的功能是把 x 上的 n 个圆盘移动到 z 上。

当 n==1 时，直接把 x 上的圆盘移至 z 上，输出 x→z。如 n! =1 则分为三步：递归调用 move 函数，把 n-1 个圆盘从 x 移到 y；输出 x→z；递归调用 move 函数，把 n-1 个圆盘从 y 移到 z。在递归调用过程中 n=n-1，故 n 的值逐次递减，最后 n=1 时，终止递归，逐层返回。

7.4　知识拓展

7.4.1　函数的嵌套调用

C 语言中各函数之间是平行的，不存在上一级函数和下一级函数的问题。但是 C 语言允许在一个函数的定义中出现对另一个函数的调用。这样就出现了函数的嵌套调用。即在被调函数中又调用其他函数。嵌套调用过程如图 7-2 所示。

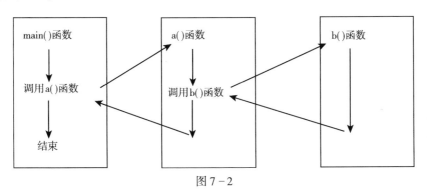

图 7-2

```
int main ( )
{ void a ( );
  void b ( );
  a ( );
  return 0;
  }
void b ( )
{……}
void a ( )
{ ……
  b ( );
  ……
}
```

图 7 - 2 中表示了两层嵌套的情形。其执行过程是：执行 main 函数中调用 a 函数的语句时，即转去执行 a 函数，在 a 函数中调用 b 函数时，又转去执行 b 函数，b 函数执行完毕返回 a 函数的断点继续执行，a 函数执行完毕返回 main 函数的断点继续执行。

7.4.2 数组作函数参数

数组可以作为函数的参数使用，进行数据传送。数组用作函数参数有两种形式，一种是把数组元素作为实参使用；另一种是把数组名作为函数的实参使用。

1. 数组元素作函数实参

数组元素就是下标变量，它与普通变量并无区别。因此它作为函数实参使用与普通变量是完全相同的，在发生函数调用时，把作为实参的数组元素的值传送给形参，实现单向的值传送。

【例 7.5】

```c
#include < stdio. h >
int main ( )
{   void nzp (int v);
    int a [5] = {1, 2, 3, 4, 5}, i;
      nzp (a [2]);
    for (i = 0; i < 5; i ++)
    printf("%4d", a [i]);
    return 0;
}
void nzp (int v)
{
    v = 100;
}
```

程序运行结果：

```
1  2  3  4  5
```

本程序中首先定义一个无返回值函数 nzp，并说明其形参 v 为整型变量。在函数体中 v 值做了改变。在 main 函数中把 a [2] 的值传送给形参 v，供 nzp 函数使用。最后输出数组 a 的各元素的值，发现并没有发生变化，说明数组元素做实参是单向的值传递。根本原因是 a [2] 和 v 的存储单元不同。

2. 数组名作为函数实参

用数组名作函数实参与用数组元素作实参有几点不同：

（1）形参的组织形式不同。用数组元素作实参时，函数的形参是普通变量。用数组名作函数实参时，函数的形参是数组。当形参和实参二者不一致时，即会发生错误。

（2）数组元素作函数实参时，形参变量和实参变量是由编译系统分配的两个不同的内存单元。在函数调用时把实参变量的值传递给形参变量。在用数组名作函数参数时，不是进行值的传送，即不是把实参数组的每一个元素的值都赋予形参数组的各个元素。因为实际上形参数组并不存在，编译系统不为形参数组分配内存。那么，数据的传送是如何实现的呢？我们曾介绍过，数组名就是数组的首地址。因此在数组名作函数参数时所进行的传送只是地址的传送，也就是说把实参数组的首地址赋予形参数组名。形参数组名取得该首地址之后，也就等于有了实在的数组。实际上是形参数组和实参数组为同一数组，共同拥有一段内存空间。图7-3说明了这种情形。

	a[0]	a[1]	a[2]	a[3]	a[4]	a[5]	a[6]	a[7]	a[8]	a[9]
起始地址 2000	2	4	6	8	10	12	14	16	18	20
	b[0]	b[1]	b[2]	b[3]	b[4]	b[5]	b[6]	b[7]	b[8]	b[9]

图7-3

图7-3中设a为实参数组，类型为整型。a占有以2000为首地址的一块内存区。b为形参数组名。当发生函数调用时，进行地址传送，把实参数组a的首地址传送给形参数组名b，于是b也取得该地址2000。于是a，b两数组共同占有以2000为首地址的一段连续内存单元。从图中还可以看出a和b下标相同的元素实际上也占相同的两个内存单元（整型数组每个元素占4个字节）。例如a[0]和b[0]都占用2000、2001、2002、2003单元，当然a[0]等于b[0]。类推则有a[i]等于b[i]。

【例7.6】数组a中存放了一个学生5门课程的成绩，求平均成绩。

```
#include <stdio. h>
int main ( )
{
    float sco [5], av;
    int i;
    float aver (float a [5]);
    printf(" \ ninput 5 scores: \ n");
    for (i=0; i<5; i++)
        scanf("%f", &sco [i]);
    av=aver (sco);
    printf("average score is %5.2f", av);
}
```

```
float aver（float a［5］）
{
    int i;
    float av, s = a［0］;
    for（i = 1; i < 5; i++）
        s = s + a［i］;
    av = s/5;
    return av;
}
```

程序运行结果：

```
input 5 scores：
78 80 75 85 90
average score is 81. 60
```

本程序定义了一个实型函数 aver，有一个形参为实型数组 a，长度为 5。在函数 aver 中，把各元素值相加求出平均值，返回给主函数。主函数 main 中首先完成数组 sco 的输入，然后以 sco 作为实参调用 aver 函数，函数返回值 av，最后输出 av 值。从运行情况可以看出，程序实现了所要求的功能。

前面已经讨论过，在变量作函数参数时，所进行的值传送是单向的。即只能从实参传向形参，不能从形参传回实参。形参的初值和实参相同，而形参的值发生改变后，实参并不变化，两者的终值是不同的。而当用数组名作函数参数时，情况则不同。由于实际上形参和实参为同一数组，因此当形参数组发生变化时，实参数组也随之变化。当然这种情况不能理解为发生了"双向"的值传递。但从实际情况来看，调用函数之后实参数组的值将由于形参数组值的变化而变化。如下例所示

【例 7.7】

```
#include < stdio. h >
int main（ ）
{
    int b［5］, i;
    void nzp（int a［5］）;
    printf("input 5 numbers： \ n");
    for（i = 0; i < 5; i++）
        scanf("% d", &b［i］);
    printf("initial values of array b are： \ n");
    for（i = 0; i < 5; i++）
        printf("%4d ", b［i］);
```

```
    nzp（b）;
    printf(" \ nlast values of array b are： \ n");
    for（i = 0; i < 5; i + +）
        printf("%4d ", b [i]);
    return 0;
}
void nzp（int a [5]）
{
    int i;
    printf(" \ nvalues of array a are： \ n");
    for（i = 0; i < 5; i + +）
    {
        if(a [i] < 0)
            a [i] = 0;
        printf("%4d", a [i]);
    }
}
```

程序运行结果：

```
input 5 numbers：
1 - 2 3 - 4 5
initial values of array b are：
    1   - 2   3   - 4   5
values of array a are：
    1   0   3   0   5
last values of array b are：
    1   0   3   0   5
```

本程序中函数 nzp 的形参为整数组 a，长度为 5。主函数中实参数组 b 也为整型，长度也为 5。在主函数中首先输入数组 b 的值，然后输出数组 b 的初始值。接着调用 nzp 函数。在 nzp 中，按要求把数组中的负值单元清 0，并输出形参数组 a 的值。返回主函数之后，再次输出数组 b 的值。从运行结果可以看出，数组 b 的初值和终值是不同的，数组 b 的终值和数组 a 是相同的。这说明实参形参为同一数组，它们的值同时得以改变。

用数组名作为函数参数时还应注意以下几点：

（1）形参数组和实参数组的类型必须一致，否则将引起错误。

（2）在函数形参表中，允许不给出形参数组的长度，或用一个变量来表示数组元素的个数。

例如，可以写为：

void nzp（int a［ ］）

或写为

void nzp（int a［ ］, int n)

其中形参数组 a 没有给出长度，而由 n 值动态地表示数组的长度。n 的值由主调函数的实参进行传送。

（3）多维数组也可以作为函数的参数。在函数定义时对形参数组可以指定每一维的长度，也可省去第一维的长度。因此，以下写法都是合法的。

int fun（int a［3］［10］）或 int fun（int a［ ］［10］）

7.4.3 局部变量与全局变量

C 语言中所有的变量都有自己的作用域。变量说明的方式不同，其作用域也不同。C 语言中，变量按作用域范围的不同可分为局部变量和全局变量。

1. 局部变量

局部变量也称为内部变量。局部变量是在函数内定义的。其作用域局限于所在的函数内部。形参也属于局部变量。

例如：

```
/*函数 f1 */
int f1 (int a)      //a, b, c 在 f1 内有效
{
int b, c;
......
}
/*函数 f2 */
int f2 (int x)      //x, y, z 在 f2 内有效
{
int y, z;
......
}
int main ( )        //m, n 在 main 内有效
{
int m, n;
......
}
```

在函数 f1 内定义了三个变量，a 为形参，b，c 为一般变量。在 f1（ ）的范围内 a，b，c 有效，或者说 a，b，c 变量的作用域限于 f1（ ）内。同理，x，y，z 的作用域限于 f2（ ）内。m，n 的作用域限于 main（ ）函数内。关于局部变量的作用域还要说明以下几点：

（1）使用局部变量可以避免各个函数之间的变量相互干扰。允许在不同的函数中使用相同的变量名，它们代表不同的对象，分配不同的单元，互不干扰，也不会发生混淆。

（2）形参变量是属于被调函数的局部变量，实参变量是属于主调函数的局部变量。

（3）在复合语句中也可定义变量，其作用域只在复合语句范围内，一般用作小范围内的临时变量。

```
int   main（ ）
{
   int s, a;        /* 主函数的局部变量 */
   ……
   {                /* 复合语句开始 */
   int b;           /* 复合语句内的局部变量 */
   s = a + b;
   ……
   }                /* 复合语句结束 */
   ……
   return 0;
}
```

2. 全局变量

局部变量虽然保证了函数的独立性，但程序设计有时还要考虑不同函数之间的数据交流，及各函数的某些统一设置。为了解决多个函数间的变量共用，C 语言允许定义全局变量。

定义在函数外部而不属于任何函数的变量称为全局变量，也称为外部变量。其作用域是从定义的位置开始到程序所在文件的结束。

```
int a, b;           /* 全局变量 */
void f1（ ）          /* 函数 f1 */
{
……
}
float x, y;          /* 全局变量 */
int f2（ ）           /* 函数 f2 */
{
```

```
……
}

main （ ）        ／＊主函数＊／
{
……
}
```

从上例可以看出 a、b、x、y 都是在函数外部定义的全局变量。a，b 定义在源程序最前面，因此在 f1（ ），f2（ ）及 main（ ）内都可使用。但 x，y 定义在函数 f1（ ）之后，所以它们在 f1（ ）内无效，在 f2（ ）及 main（ ）内可使用。

思考：若程序内全局变量和局部变量同名，程序如何区分两者？

7.4.4　变量的存储方式

1. 动态存储方式与静态动态存储方式

从变量值存在的时间（即生存期）角度来分，可以分为静态存储方式和动态存储方式。

静态存储方式：是指在程序运行期间分配固定的存储空间的方式。

动态存储方式：是在程序运行期间根据需要进行动态的分配存储空间的方式。

用户存储空间可以分为三个部分：

(1) 程序区；

(2) 静态存储区；

(3) 动态存储区。

程序区（C 程序代码）		
数据区	静态存储区（全局变量、静态局部变量）	
	动态存储区（自动变量）	

静态存储区：全局变量。在程序开始执行时给全局变量分配存储区，程序执行完毕就释放。在程序执行过程中它们占据固定的存储单元。

动态存储区：函数形式参数、自动变量（未加 static 声明的局部变量）。在函数开始调用时分配动态存储空间，函数结束时释放这些空间。

在 C 语言中，每个变量和函数有两个属性：数据类型和数据的存储类别。数据类型之前详细介绍过，存储类别有 4 种，分别是 auto、register、static、extern。

2. auto（自动）变量

函数中的局部变量，若不专门声明为 static 存储类别，都是动态地分配存储空间的，数据存储在动态存储区中。auto 变量包括函数形参和在函数中定义的变量（包括在复合语句中定义的变量），在调用该函数时系统会给它们分配存储空间，在函数调用结束时就自动释放这些存储空间。自动变量用关键字 auto 作存储类别的声明。

例如：

```
int f(int a)            /* 定义 f( ) 函数, a 为参数 */
{
    auto int b, c = 3; /* 定义 b, c 自动变量 */
    ......
}
```

a 是形参，b，c 是自动变量，对 c 赋初值 3。执行完 f 函数后，自动释放 a，b，c 所占的存储单元。

关键字 auto 可以省略，auto 不写则隐含定为"自动存储类别"，属于动态存储方式。

3. 用 static 声明局部变量

有时希望函数中的局部变量的值在函数调用结束后不消失而保留原值，这时就应该指定局部变量为"静态局部变量"，用关键字 static 进行声明。

说明：

（1）静态局部变量属于静态存储类别，在静态存储区内分配存储单元。在程序整个运行期间都不释放。

（2）静态局部变量在编译时赋初值，即只赋初值一次；自动变量赋初值是在函数调用时进行，每调用一次函数重新给一次初值，相当于执行一次赋值语句。

（3）如果定义局部变量时不赋初值，静态局部变量自动赋初值 0（对数值型变量）或空字符（对字符变量）；自动变量的值是一个不确定的值。

【例 7.8】打印 1 到 5 的阶乘值。

```
#include < stdio. h >
int main ( )
{
    int i;
    int fac (int n);
    for (i = 1; i < = 5; i + + )
        printf("% d! = % d \ n", i, fac (i));
    return 0;
}
int fac (int n)
{
    static int f = 1;
```

```
    f = f * n;
    return（f）;
}
```

程序运行结果：

```
1! = 1
2! = 2
3! = 6
4! = 24
5! = 120
```

程序执行过程说明：

变量 f 的初值为 1。

i = 1 时，调用 fac（）函数，n 初值为 1，f = 1 * 1，返回 1，同时释放变量 n 的空间；

i = 2 时，调用 fac（）函数，n 初值为 2，f = 1 * 2，返回 2，同时释放变量 n 的空间；

i = 3 时，调用 fac（）函数，n 初值为 3，f = 2 * 3，返回 6，同时释放变量 n 的空间；

i = 4 时，调用 fac（）函数，n 初值为 4，f = 6 * 4，返回 24，同时释放变量 n 的空间；

i = 5 时，调用 fac（）函数，n 初值为 5，f = 24 * 5，返回 120，同时释放变量 n 的空间。

程序运行结束，释放 i，f 的空间。

4. 用 extern 声明全局变量

全局变量（即外部变量）是在函数的外面定义的，它的作用域为从变量定义处开始，到本程序文件的末尾。如果全局变量不在文件的开头定义，其有效的作用范围只限于定义处到文件终了。如果在定义点之前的函数想引用该外部变量，则应该在引用之前用关键字 extern 对该变量作"全局变量声明"。表示该变量是一个已经定义的全局变量。有了此声明，就可以从"声明"处起，合法地使用该全局变量。

【例 7.9】

```
#include < stdio. h >
int main（）
{
    int y;
    int fun（int n）;
```

```
    y = fun （x）;     //该语句出错
    printf("y = % d \ n", y);
    return 0;
}
int x = 10;
int fun （int n）
{
    return x + 1;
}
```

程序中语句 y = fun （x）; 报错，原因是' x ' undeclared，所以需要扩展 x 的作用域。修改程序如下：

```
#include < stdio. h >
int main （ ）
{
    extern int x;        //扩展 x 的作用域
    int y;
    int fun （int n）;
    y = fun （x）;
    printf("y = % d \ n", y);
return 0;
}
int x = 10;
int fun （int n）
{
    return x + 1;
}
```

小结

学好函数，首先需要弄清楚函数定义、函数声明和函数调用三者之间的关系。函数定义是确定函数的功能；函数声明是为了编译正常通过；函数调用是使用函数，也是定义函数的最终目的。其次是函数参数传递的方式，理解形参和实参的关系。

习题 7

1. 写一个判断素数的函数，在主函数输入一个整数，输出是否素数的信息。

本程序应当准备以下测试数据：17、34、2、1、0，分别运行并检查结果是否正确。

2. 输入 10 个学生 5 门课的成绩，分别用函数实现下列功能：

（1）计算每个学生平均分；

（2）计算每门课的平均分；

（3）找出所有 50 个分数中最高的分数所对应的学生和课程。

3. 写一个函数，用"起泡法"对输入的 10 个字符按由小到大顺序排列。

4. 用递归法将一个整数 n 转换成字符串，n 的位数不确定，可以是任意的整数。

5. 编写一个函数，统计字符串中字母、数字、空格和其他字符的个数，在主函数中输入字符串并输出上述的结果。

项目八 报数游戏

——指针

● **教学目标**

➤ 了解指针与地址的概念；

➤ 掌握指针变量的定义、初始化及指针的运算；

➤ 掌握指针与数组的相关知识及应用；

➤ 掌握指针作为函数参数的应用；

➤ 掌握访问字符串的指针变量的用法；

➤ 了解指针与函数、指针数组、二级指针的概念。

8.1 项目描述

有 n 个人围成一圈，顺序排号。从第一个人开始报数（从 1 到 3 报数），凡报到 3 的人退出圈子，问最后留下的是原来第几号的那位。程序运行时输入人数 n，输出留下的人的序号。例如：输入人数 5，则输出结果为 4，即留下的是第 4 号。

运行结果：

```
please input the total of numbers：5
4 is left
```

8.2 相关知识

8.2.1 指针的概念

指针（pointer）是 C 语言中最重要的概念之一，正确而灵活的运用指针可以带来诸多方便。例如通过指针可以很好地表示各种复杂的数据结构；能够很方便地使用数组和字符串；动态分配内存空间；在调用函数时可以得到或修改一个以上的数据等。通过本章的学习，我们将利用指针编写出更为简洁、高效的程序。

1. 地址的概念

计算机内存中的各个存储单元都是有序的，按字节编码，每一个字节都有一个唯一的编码，我们称之为地址（地址值是一个 unsigned int 类型的数值）。就像我们每个教室都有一个门牌号一样，你只要知道了门牌号，就能找到这个教室。同样，只要知道了内存地址，就能访问到里面的数据。一个变量的地址可以被看做是该变量在内存中的位置，不同类型的数据所占用的内存字节数不等，前面已有详细介绍，如一个字符型数据占一个字节，一个基本整型最少占两个字节（具体取决于 C 环境，以本书所使用的 VC++ 为例，基本整型占 4 个字节）等。占用多个字节的数据其地址为首字节的地址。设有如下定义：

```
int num = 1989;
char ch = 'A';
float f = 1.25e5;
```

内存分配如图 8 - 1 所示。

图 8 - 1 变量名称、地址和数值

其中整型变量 num 的地址是 2002（地址值通常用十六进制数表示），值是 1989；字符变量 ch 的地址是 2006，值是 'A'，依此类推。设有以下函数调用语句：

```
printf("%d,%p\n", num, &num);    /* &num 表示 num 的地址,%p 是输出地址的
                                    说明符 */
```

输出结果为：

2011, 00002002

注：如果你的系统不支持 p 格式符，也可以用%x 输出地址。

2. 指针变量

一般来讲，指针变量是一个其数值为地址的变量，简称作指针。就像 char 类型变量的值是一个字符，而 int 类型变量的值是一个整数，指针变量的值就是某个内存单元的地址。因为这个地址值是指向某个内存单元的，所以我们形象地称之为指针。如图 8 - 2 所示，设有字符变量 ch，其值为字符 'A'，ch 占用了 1101 号内存单元（即 ch 的地址为 1101）。设有

图 8 - 2 指针变量

指针变量 ptr, 其值为 1101（也就是变量 ch 的地址）, 这种情况我们就称之为 ptr 指向变量 ch, 或者说 ptr 是指向变量 ch 的指针。毫无疑问, 通过 ptr 我们就能访问到 ch（具体访问方式参见下节内容）, 这种访问我们称作间接访问。

地址是指针变量的值, 因此可以把地址看做是指针常量, 也有的课本把地址直接称作指针。如无特殊声明, 本书中的"指针"皆为"指针变量"的简称。

8.2.2　指针变量的定义与应用

1. 指针变量的定义与使用

（1）定义指针变量

【格式】: 类型说明符　*变量名;

【说明】: *表示该变量是一个指针变量, 类型说明符表示该指针变量所指向的数据的类型。

例如:

```
int    * p_int;
char   * p_char;
float  * p_float;
```

其中 p_int、p_char 和 p_float 都是指针变量, 都是用来存放地址的, 但 p_int 只能放 int 类型数据的地址, p_char 只能放 char 型数据的地址, 而 p_float 就只能放 float 类型数据的地址。

（2）给指针变量赋值

我们前面讲过, 指针变量就是专门用来存放地址的变量, 因此给指针变量赋值一定要赋地址值, 而且要赋相同类型的地址, 通常使用数组名或地址运算符 & 来进行地址赋值。地址运算符 & 可以取得变量的存储地址。假设 num 是一个变量的名字, 那么 &num 就是该变量的地址。例如:

```
int   num, * ptr;   /*此处的"*"只是定义指针变量的标志不是间接运算符*/
ptr = &num;   /*将 num 的地址赋值给指针变量 ptr, 即 ptr 现在指向 num*/
```

注意:

①在使用指针变量之前, 必须给它赋予一个已分配的内存地址。可以给指针变量赋空值, 如:

ptr = NULL;

其中 NULL 是一个符号常量, 定义在 stdio. h 头文件中, 其值为整数 0。它使 ptr 指向地址为 0 的单元, 系统保证该单元不作他用（不存放有效数据）,

可以避免出现误操作。

②所赋值的地址应该和指针类型兼容。也就是说，不能把一个 double 类型的地址赋给一个指向 int 类型的指针。

③不能直接把一个整型数赋值给指针变量，这种操作是非常危险的，除非有特别的需要。

（3）取指针指向的数据

间接运算符 ＊（也称作取值运算符）用来获取指针（地址）指向的数据，它是一元（单目）运算符。设有如下定义：

```
int   num1，num2 = 5，＊ptr；
ptr = &num2；   /＊将 num2 的地址赋值给指针变量 ptr，即 ptr 现在指向 num2＊/
num1 = ＊ptr；   /＊利用间接运算符取 ptr 指向的数据（即 num2）赋值给 num1＊/
语句 ptr = &num2；以及语句 num1 = ＊ptr；放在一起等同于下面的语句：
num1 = num2；
```

由此看出，使用地址运算符和间接运算符可以间接的完成上述语句的功能，这也正是"间接运算符"名称的由来。

注意：

①不能对未初始化的指针取值。例如：

```
int ＊pt；   /＊未初始化的指针＊/
＊pt = 5；   /＊一个可怕的错误＊/
```

这样的代码危害极大，这段程序的第二行表示把数值 5 存储到 pt 所指向的内存单元中。但由于 pt 没有被初始化，因此它的值是随机的，不清楚 5 会被存储到什么位置。这个位置也许对系统危害不大，但也许会覆盖程序数据或代码，甚至导致程序的崩溃。

②若给指针变量赋了空值（NULL），则不允许用 ＊（间接运算符）来访问它。

2. 指针作函数参数

【例 8.1】编写一个函数用来交换两个变量的值，输入输出在主函数中实现。

问题分析：交换两个变量的值很简单，关键是如何用函数来实现，这就涉及函数之间的数据传递问题。很多时候我们需要通过一个函数来改变另一个函数中的变量值。需要注意的是，如果要改变的变量只有一个，我们可以通过 return 语句获得要改变的值；但如果要修改一个以上的数据，比如现在要交换的是两个变量的值，那就要用指针作为函数参数。

程序源代码：

```
/*交换函数的第一个版本*/
#include <stdio.h>
void swap (int a, int b);
int main ( )
{
    int x = 5, y = 10;
    printf("Originally x = %d, y = %d \ n", x, y);
    swap (x, y);
    printf("Now x = %d, y = %d \ n", x, y);
    return 0;
}
void swap (int a, int b)
{
    int temp;
    temp = a;
    a = b;
    b = temp;
}
```

程序的运行结果如下：

```
Originally x = 5, y = 10
Now x = 5, y10
```

出乎很多同学的预料，数值并没有发生交换。其实在函数那一章我们已经做过介绍了，当用普通变量作为函数参数时，实参到形参是单向值传递，它们有各自独立的内存空间和作用域，交换 a 和 b 的值对 x 和 y 的值没有任何影响。那我们到底该怎样把交换后的值传给 main ( ) 函数呢？有的同学可能会说为什么不用 return 语句呢？我们来试一下，在 swap ( ) 函数的结尾处加入下面一行语句：

return (a);

然后改变 main ( ) 中对该函数的调用方式：

x = swap (x, y);

重新编译、执行，你会发现 x 被赋予了新值，而 y 的数值并没有改变。因为 return 语句只能带回一个返回值，但现在我们需要传递两个数值。可能又有同学会说，为什么不加两条 return 语句？当然可以加两条，但是它只能执行一条，一旦有 return 语句执行整个函数调用就结束了。显然，用 return 语句是无法实现两个数据的交换的。那我们该怎么实现呢？用指针作为函数参数。

程序源代码：

```
/*交换函数的第二个版本*/
#include <stdio.h>
void swap (int *a, int *b);
int main ()
{
    int x = 5, y = 10;
    printf("Originally x = %d, y = %d\n", x, y);
    swap (&x, &y);    /*向函数传送地址*/
    printf("Now x = %d, y = %d\n", x, y);
    return 0;
}
void swap (int *a, int *b)
{
    int temp;
    temp = *a;
    *a = *b;
    *b = temp;
}
```

程序的运行结果如下：

```
Originally x = 5, y = 10
Now x = 10, y = 5
```

下面我们来分析一下这个程序的运行情况。首先，函数调用语句如下：

swap (&x, &y);

可以看到，函数传递的是 x 和 y 的地址而不是它们的值。因此定义 swap () 函数时，形式参数应该声明为指针。由于 x 和 y 都是整型数，所以 a 和 b 应该为指向整数的指针。

函数声明如下：

void swap (int *a, int *b);

接下来定义了一个中间变量 temp，首先需要把 x 的值取出来赋给 temp：

temp = *a;

因为 a 的值是 &x，即 a 指向 x，那么 *a 就代表了 x 的值，因此语句就实现了把 x 的值赋给 temp。

接下来把 y 的值赋给 x：

*a = *b;

a 指向 x，b 指向 y，其执行结果相当于：

x = y;

最后把存在 temp 中的值赋给 y：

*b = temp;

函数使用指针变量 a 和 b 作为参数，然后调用时把 x 和 y 的地址传给它们，这使得它们可以访问 x 和 y 变量。通过使用运算符 * 对指针操作，函数可以获得相应存储地址的数据，从而就可以改变这些数据。

当需要改变主调函数中的某个数值时，任何被调用的 C 函数都可以使用指针参数来完成该任务，尤其是当需要改变的数值超过一个以上时，就只能用指针参数了。

8.2.3　通过指针访问一维数组

1. 指向数组元素的指针

由于计算机的硬件指令很大程度上要依赖于地址，这使得使用了指针的程序能够更高效地工作。特别地，指针能够非常有效的处理数组。数组标记实际上就是一种变相使用指针的形式，因为数组名就是数组首元素的地址。设 dates 是一个数组，下面的表达式是成立的：

dates == &dates［0］ /* 数组名是数组首元素的地址 */

dates 和 &dates［0］都代表首元素的地址，两者都是地址常量，因此在程序运行过程中它们的值保持不变。但是可以把它们赋值给指针变量，然后我们可以通过修改指针变量的值来访问数组元素。定义一个指向数组元素的指针变量跟定义一个指向普通变量的指针变量一样。例如：

int a［10］, *p;
p = a; /* 等价于 p = &a［0］，把数组首个元素的地址赋值给指针变量 p */

接下来就可以用指针变量 p 来访问数组元素了。

2. 访问数组元素时指针的运算

对于指向数组元素的指针，可以进行以下运算：

（1）加、减一个整数

例如：

p + 1, p - 1

如果指针变量 p 已经指向数组中的一个元素，则 p + 1 指向数组中的下一个元素，p - 1 指向数组中的上一个元素。

（2）自增、自减运算

例如：

p ++, p --, ++p, --p

（3）两个指针相减（求差值）

通常对分别指向同一个数组内两个元素的指针求差值，以求出元素之间的距离。设有如下定义：

int a［10］，*p1，*p2；
p1 = &a［0］；
p2 = &a［2］；

则 p2 - p1 的值为 2。

（4）比较两个指针

可以使用关系运算符来比较两个指向同一个数组里面不同元素的指针变量。设有如下定义：

int a［10］，*p1，*p2；
p1 = &a［0］；
p2 = &a［2］；

则 p2 > p1 的值为 1。

3. 通过指针引用数组元素

通过前面的学习我们可以知道：如果指针变量已指向数组中的一个元素，则该指针变量 +1 就指向该数组中的下一个元素。设有如下定义：

int a［10］，*p = a；

这里的 * 是定义指针变量的一个标志，不是间接运算符。我们定义了一个指向整型数据的指针变量 p，并且把 a（数组名代表数组的首地址等同于 &a［0］）赋值给它。如图 8 - 3 所示（i 的取值在 0 ~ 9 之间）。

现在 p 就指向数组的首个元素 a［0］，则：

（1）p + i 和 a + i 等同于 &a［i］，或者说它们指向 a 数组的第 i 个元素。

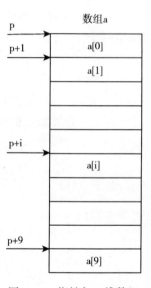

图 8 - 3　指针与一维数组

（2）*（p + i）或 *（a + i）就是 p + i 或 a + i 所指向的数组元素，即 a［i］。例如，*（p + 5）或 *（a + 5）就是 a［5］。

（3）指向数组的指针变量也可以带下标，如 p［i］与 *（p + i）等价。

综上所述，引用一个数组元素的方法有两个：

（1）下标法，即用 a［i］或 p［i］形式访问数组元素。

（2）指针法，即采用 *（a + i）或 *（p + i）形式来访问数组元素。

下面我们通过两个例子来看一下。

【例8.2】数组元素的访问

（1）下标法访问数组元素

```
/*输出数组的全部元素（下标法）*/
#include < stdio. h >
int main（ ）
{
    int a [5] = {1, 2, 3, 4, 5}, i;
    for（i = 0; i < 5; i + +）
        printf("a [% d] = % d \ n", i, a [i]);
    return 0;
}
```

（2）指针法访问数组元素

```
/*输出数组的全部元素（指针法）*/
#include < stdio. h >
int main（ ）
{
    int a [5] = {1, 2, 3, 4, 5}, i, * p;
    p = a;
    for（i = 0; i < 5; i + +）
        printf("a [% d] = % d \ n", i, * (p + i));
    return 0;
}
```

程序的运行结果如下：

```
a [0] = 1
a [1] = 2
a [2] = 3
a [3] = 4
a [4] = 5
```

将程序中的 * (p + i) 改成 * (a + i) 或者 p [i] 结果是完全一样的，当然我们还可以用 * (p + +) 或 * p + + （+ + 和 * 优先级相同，结合方向自右至左），但是不能用 * a + +。因为 a 是数组名，是地址常量，其值不能改变。而且在对指针变量操作的时候需要注意其当前值不能超出数组元素的地址范围。

通过上面两个例子，我们简单了解了如何通过指针访问数组。下面我们再通过一个例子来看一下关于指针的进一步应用。

【例8.3】将一个数组中的值按逆序重新存放，例如原来顺序为15，5，10，25，20，重新存放后变成20，25，10，5，15。即将第一个数与倒数第一个数交换，第二个与倒数第二个交换……

算法1：设数组里共有 N 个元素，下标为 0 的跟下标为 N-1（下标从 0 开始，最后一个元素的下标为 N-1）的元素交换，下标为 1 的跟下标为 N-2 的交换，下标为 i 的跟下标为 N-1-i 的交换，交换 N/2（整除）次。步骤如下：

（1）设两个变量 i 和 j，分别用来放需要交换的两个元素的下标。i 的初始值为 0，j 的初始值为 N-1。见图 8-4（a）。

（2）交换下标为 i 和 j 的两个元素。

（3）让 i++，记录下一个元素的下标，j--，记录前一个元素的下标。见图 8-4（b）。

（4）重复（2）、（3）步，直到交换完 N/2 次，或者直到 i 的值大于等于 j 为止。

注意：N 个数要交换 N/2 次而不是 N 次。见图 8-4（c）。

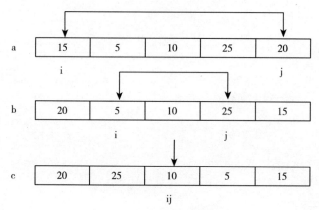

图 8-4　数组逆序存放算法 1

程序如下：

```
/*逆序存放（下标法）*/
#include <stdio.h>
#define N 5
int main ()
{
    int array [N] = {15, 5, 10, 25, 20}, i, j, temp;
    printf("The original array: \n");
    for (i=0; i<N; i++)
        printf("%5d", array [i]);
    printf("\n");
```

```
for (i = 0, j = N - 1; i < j; i ++, j -- )
{
    temp = array [i];
    array [i] = array [j];
    array [j] = temp;
}
printf("The array has benn inverted: \ n");
for (i = 0; i < N; i ++)
    printf("%5d", array [i]);
printf("\ n");
return 0;
}
```

算法2：

（1）定义两个指针变量 p_set 和 p_end，让 p_set 指向第一个元素，p_end 指向最后一个元素。见图 8 - 5（a）。

（2）交换这两个指针所指向的数据。

（3）让 p_set ++，使其指向下一个元素，p_end --，使其指向前一个元素。见图 8 - 5（b）。

（4）重复步骤（2）、（3）直到 p_set 大于等于 p_end -- 结束。见图 8 - 5（c）。

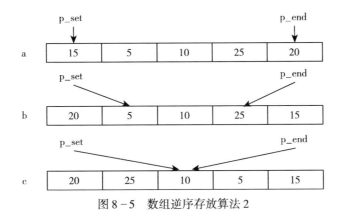

图 8 - 5　数组逆序存放算法 2

程序如下：

```
/ * 逆序存放（指针法）* /
#include < stdio. h >
#define N 5
int main ( )
{
```

```
int array [N] = {15, 5, 10, 25, 20}, i, temp, * p_set, * p_end;
p_set = array;        /* p_set 指向第一个元素 */
p_end = array + N - 1;    /* p_end 指向最后一个元素 */
printf("The original array: \ n");
for (i = 0; i < N; i ++)
    printf("%5d", * p_set ++);
/* 注意循环结束后 p_set 指向哪里 */
printf(" \ n");
for (p_set = array; p_set < p_end; p_set ++, p_end --)
/* 表达式 1 使 p_set 重新指向第一个元素 */
{
    temp = * p_set;
    * p_set = * p_end;
    * p_end = temp;
}
/* 注意循环结束后 p_set 指向哪里 */
p_set = array;        /* p_set 重新指向第一个元素 */
printf("The array has benn inverted: \ n");
for (i = 0; i < N; i ++)
    printf("%5d", * p_set ++);
printf(" \ n");
return 0;
}
```

运行结果：

```
The original array:
15   5   10   25   20
The array has benn inverted:
20   25   10   5   15
```

综上所述，通过指针访问数组元素和用下标法访问的区别和联系如下：

（1）在 C 语言中，两个表达式 a [i] 和 * (a + i) 的意义是等价的。而且不管 a 是一个数组名还是一个指针变量，这两个表达式都是有效的。但只有当 a 是一个指针变量时，才可以使用 a ++ 这样的表达式。

（2）对于初学者来说，通常下标法比指针法更加清晰易读。

（3）指针符号（尤其是在对其使用增量运算符时）更接近于机器语言，某些编译器在编译时能够生成效率更高的代码。

（4）在处理某些问题时，用指针更加形象直观。如例 8.4 用指针实现数组逆序存放，更易于理解。

（5）需要特别注意的是，指针的使用比较灵活，它的值随时可以改变，尤其给初学者带来一些麻烦。访问数组时要时刻注意指针的当前值是什么，有没有超出数组的范围。如例8.4用指针实现数组逆序存放时，两次对 p_set 重新赋值使它重新指向数组的首个元素。

到底是用指针法好还是下标法好，是一个仁者见仁、智者见智的问题，不管使用哪种方法，我们的主要任务是要保证程序的正确性、易读性和高效性。

4. 指向数组的指针作函数参数

前面例8.3我们实现了数组的逆序存放，现在改用函数实现：

【例8.4】用函数实现数组逆序存放。

程序如下：

```
/* 逆序存放（数组指针作为函数参数） */
#include < stdio. h >
#define N 5
void inv (int * a, int num);
int main ( )
{
    int array [N] = {15, 5, 10, 25, 20}, i, j, temp;
    printf("The original array: \ n");
    for (i = 0; i < N; i ++)
        printf("%5d", array [i]);
    printf(" \ n");
    inv (array, N);
    printf("The array has benn inverted: \ n");
    for (i = 0; i < N; i ++)
        printf("%5d", array [i]);
    printf(" \ n");
    return 0;
}
void inv (int * a, int num)
{
    int * p_set, * p_end, temp;
    for (p_set = a, p_end = a + num - 1; p_set < p_end; p_set ++, p_end --)
    {
        temp = * p_set;
        * p_set = * p_end;
        * p_end = temp;
    }
}
```

将 inv（ ）函数形式参数的声明改成如下形式：

void inv（int a ［ ］, int num)

我们会发现，程序执行结果完全一样。即形参的定义 int ＊a 和 int a ［ ］是完全等价的。

我们现在就可以解释为什么在用数组作为函数形参时可以省略数组长度。在数组的定义里我们强调：除非所有元素都赋初值，否则数组的长度是不能省的。但是在形参这里却可以，这是因为处理数组的函数实际上是使用指针作为参数的。函数参数到底用数组还是指针，取决于个人习惯。如果使用数组符号，则函数处理数组这一事实更加明显，同时对于习惯用其他编程语言的程序员来说，使用数组也更为熟悉，但也有一些程序员可能更习惯于使用指针。

8.2.4 指针与字符串

1. 字符串的表示形式

C 语言中字符串的表示形式有两种：

（1）用字符数组存放一个字符串

例如：

char string ［ ］ = "China";

数组的长度为 6，除了‘C’、‘h’、‘i’、‘n’、‘a’这 5 个字符之外，还有一个字符串结束标志‘\0’。数组名 string 是数组的首地址，也就是字符串的首地址，即字符‘C’的地址。

（2）用字符指针指向一个字符串

例如：

char ＊p_str = "China";

需要注意的是，这里面赋值的含义是把"China"字符串的首地址赋给指针变量 p_str。上面的定义等价于：

char ＊p_str;
p_str = "China";

【例 8.5】指针和字符串

```
#include < stdio. h >
int main（ ）
{
    char ＊ mesg = "I love my family. ";
    char ＊ copy;
```

```
        copy = mesg;
        printf("mesg = %s, mesg_value = %p \ n", mesg, mesg);
        printf("copy = %s, copy_value = %p \ n", copy, copy);
        return 0;
}
```

输出结果:

```
mesg = I love my family.  , mesg_value = 00422058
mesg = I love my family.  , copy_value = 00422058
```

很多同学会以为是复制了字符串"I love my family."，仔细研究一下 printf()
函数的输出，你会发现第二项 value，它是指针变量的值。而指针的值是该指
针中存放的地址值，可以看到两个地址是相同的都是 00422054。也就是说这
两个指针指向同一个内存单元。因此字符串本身没有被复制，复制的是 mesg
里面存放的地址值。

为什么不直接复制字符串呢? 问一下自己复制一个地址和复制 18 个字符
元素哪个更有效率? 通常，针对字符串的操作只有地址才是程序执行所需要
的。如果确实需要复制字符串，不能直接赋值，可以使用前面介绍过的 strcpy
() 函数。

存放字符串的数组和指向字符串的指针在使用时需要注意以下几个方面:

①可以对指针变量赋值但不能对数组赋值。设有定义:

```
char str [80], * ps;
```

则下面的赋值语句:

```
str = "China"; / * 错误，数组名是地址常量不能赋值 * /
ps = "China"; / * 正确 * /
```

我们前面已经讲过了，要想把一个字符串赋值给一个数组要用 strcpy ()
函数，而不能直接赋。

②指针变量未赋值之前不能直接使用。如:

```
char str [80], * ps;
gets (str); / * 正确，接收一个字符串放到 str 数组里 * /
gets (ps); / * 错误，ps 未赋值，将一个字符串输入到 ps 指向的内存单元是非常危险
的 * /
```

下面的语句是合法的:

```
ps = str;
gets (ps);
```

2. 指向字符串的指针作函数参数

【例8.6】字符串复制。要求自己编写函数实现，不能使用 strcpy（ ）函数。

```
/*复制字符串*/
#include <stdio. h>
int main（ ）
{
    void cpystr（char * p_sou, char * p_obj）;
    char * ps = "China", a_obj [80];
    cpystr（ps, a_obj）;
    printf("source string = % s \ n", ps);
    printf("object string = % s \ n", a_obj);
    return 0;
}
void cpystr（char * p_sou, char * p_obj）
{   /*复制字符串中的字符*/
    while（* p_sou! = '\ 0'）
    {
        * p_obj = * p_sou;
        p_obj ++ ;
        p_sou ++ ;
    }
    /*复制字符串结束标志*/
    * p_obj = '\ 0';
}
```

输出结果：

```
source string = China
object string = China
```

本程序的功能是把 main（ ）函数中指针变量 ps 指向的字符串"China"复制到字符数组 a_obj 中。指针 ps 和数组名 a_obj 作为实参传递给形参 p_sou 和 p_obj，然后在 cpystr（ ）函数中把 p_sou 指向的源字符串（即 ps 指向的字符串"China"）复制到 p_obj 所指向的目标字符数组（即字符数组 a_obj）中。注意复制的过程是一个字符一个字符的实现的，直到取到源字符串的结束标志'\ 0'。while 语句并没有复制'\ 0'，因为取到'\ 0'时条件不成立循环结束。但是要复制字符串一定不能忽略结束标志，所以最后一条语句就是把结束标志'\ 0'放到目标字符串的后面。

cpystr（ ）函数还可以改写成如下形式：

```
void cpystr（char * p_sou, char * p_obj)
{
    while（* p_obj ++ = * p_sou ++）
    ;
}
```

while 循环只跟了一条空语句，复制的过程在表达式里完成。当取到字符 '\0' 的时候，整个赋值表达式的值就是 0（'\0' 的 ASCII 码值为 0），表达式不成立循环结束。此时整个复制完成，包括结束标志 '\0'。

8.3 项目分析与实现

有 n 个人围成一圈，顺序排号。从第一个人开始报数（从 1 到 3 报数），凡报到 3 的人退出圈子，问最后留下的是原来第几号的那位。程序运行时输入人数 n，输出留下的人的序号。例如：输入人数 5，则输出结果为 4，即留下的是第 4 号。

8.3.1 算法分析

有 n 个人围成一圈，顺序排号。从第一个人开始报数（从 1 到 3 报数），凡报到 3 的人退出圈子，问最后留下的是原来第几号的那位。

解题思路如下：

（1）定义一个足够大的数组，用来存放最初的顺序号；

（2）从键盘输入参与游戏的总人数 n，把每个人的顺序号存入数组；

（3）用指针变量 p 来遍历数组的每一个非零元素，每遍历三个，对应元素清零；

（4）遍历完数组第 n 个元素后转到（3）继续执行，一直到清零元素个数达到 n−1 个转 5）；

（5）输出最后一个非零元素值。

算法如图 8−6 所示。

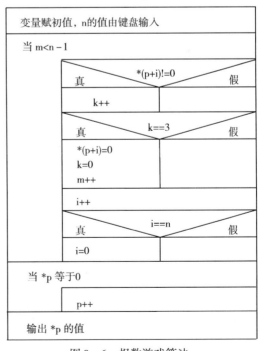

图 8−6 报数游戏算法

8.3.2 项目实现

源代码：

```
/* 报数游戏 */
#include < stdio. h >
#define NMAX 100
int main ( )
{
    int i, k, m, n, num [NMAX] = {0}, * p;
    printf("please input the total of numbers:");
    scanf("%d", &n);    /* 输入总人数 n */
    p = num;    /* 指针变量 p 指向数组第一个元素 */
    for (i = 0; i < n; i + +)    /* 顺序排号，即第一个元素值赋 1、第二个赋 2……一直
赋到 n */
        * (p + i) = i + 1;
    i = 0;    /* 用来遍历数组元素，当 i 的值取到 n 时（遍历完第 n 个元素后）重新赋值
0 */
    k = 0;    /* 用来记录报的数，当取到 3 时重新赋 0 */
    m = 0;    /* 用来记录清零元素的个数 */
    while (m < n - 1)    /* 当非零元素个数为 1（只剩最后一人）时循环结束 */
    {
        if( * (p + i) != 0) k + +;    /* 非零值（剩下的人）参与报数 */
        if(k == 3)
        {
            * (p + i) = 0;    /* 报到 3 的人退出，即元素值清零 */
            k = 0;    /* k 清零，为重新报数准备 */
            m + +;    /* 0 值元素个数加 1 */
        }
        i + +;
        if(i == n) i = 0;    /* 遍历完数组最后一个元素后，再从第一个元素开始 */
    }
    while ( * p == 0)
        p + +;    /* 记录非零元素的地址 */
    printf("%d is left \ n", * p);    /* 输出非零元素值，即最后留下的人的顺序号 */
    return 0;
}
```

运行结果：

```
please input the total of numbers：5
4 is left
```

分析总结：

相比数组名而言，指针变量除了可以加减一个整数外，还可以进行自增、自减运算，访问数组元素非常方便。但在使用的过程中需要时刻注意指针变量的当前值，不要超出数组的访问范围。

8.4　知识拓展

8.4.1　指针相关运算的综合应用

在大多数系统内部，指针变量存放的地址值是由一个无符号整数表示。但是，这并不表示可以把指针看做是整数类型。一些处理整数的方法不能用来处理指针，反之亦然。那么可以对指针进行哪些操作呢？在 8.2.3 里面已经简单介绍了指针的常用运算，下面我们再通过一个具体的例子来深入了解一下。

【例 8.7】 指针相关运算

```
#include < stdio. h >
int main ( )
{
    int urn [5] = {100, 200, 300, 400, 500};
    int * ptr1, * ptr2, * ptr3;
/* 赋值 */
    ptr1 = urn;    /* 数组名 urn 为数组的首地址，赋值后 ptr1 指向 urn [0] */
    ptr2 = &urn [2];   /* ptr2 指向 urn [2] */
/* 取指针指向的数据 */
/* 取指针变量的地址 */
    printf("pointer value, dereferenced pointer, pointer address: \ n");
    printf("ptr1 = % p, * ptr1 = % d, &ptr1 = % p \ n", ptr1, * ptr1, &ptr1);
    printf("ptr2 = % p, * ptr2 = % d, &ptr2 = % p \ n", ptr2, * ptr2, &ptr2);
/* 指针加上一个整数 */
    ptr3 = ptr1 + 4;
    printf(" \ nadding an int to a pointer: \ n");
    printf("ptr1 + 4 = % p, * (ptr1 + 4) = % d \ n", ptr3, * ptr3);
/* 指针减去一个整数 */
    printf(" \ nsubtracting an int from a pointer: \ n");
    printf("ptr3 = % p, ptr3 - 2 = % p \ n", ptr3, ptr3 - 2);
/* 递增指针 */
    ptr1 ++ ;
    printf(" \ nvalues after ptr1 ++ : \ n");
    printf("ptr1 = % p, * ptr1 = % d, &ptr1 = % p \ n", ptr1, * ptr1, &ptr1);
/* 递减指针 */
```

```
    ptr2 -- ;
    printf(" \ nvalues after ptr2 -- : \ n" );
    printf(" ptr2 = % p, * ptr2 = % d, &ptr2 = % p \ n", ptr2, * ptr2, &ptr2);
    -- ptr1 ; /* 恢复为初始值 */
    ++ ptr2 ; /* 恢复为初始值 */
/* 指针减法，一个指针减去另一个指针 */
    printf(" \ nsubtracting one pointer from another: \ n" );
    printf(" ptr1 = % p, ptr2 = % p, ptr2 - ptr1 = % d \ n", ptr1, ptr2, ptr2 - ptr1);
    return 0;
}
```

输出结果如下：

```
pointer value, dereferenced pointer, pointer address:
ptr1 = 0012FF34, * ptr1 = 100, &ptr1 = 0012FF30
ptr2 = 0012FF3c, * ptr2 = 300, &ptr2 = 0012FF2c

adding an int to a pointer:
ptr1 + 4 = 0012FF44, * (ptr1 + 4) = 500

subtracting an int from a pointer:
ptr3 = 0012FF44, ptr3 - 2 = 0012FF3C

values after ptr1 ++ :
ptr1 = 0012FF38, * ptr1 = 200, &ptr1 = 0012FF30

values after ptr2 -- :
ptr2 = 0012FF38, * ptr2 = 200, &ptr2 = 0012FF2C

subtracting one pointer from another:
ptr1 = 0012FF34, ptr2 = 0012FF3C, ptr2 - ptr1 = 2
```

可以对指针变量执行的基本操作有：

（1）赋值——可以把一个地址值赋值给指针变量

我们前面讲过，指针变量就是专门用来存放地址的变量，因此给指针变量赋值一定要赋地址值，通常使用数组名或地址运算符 & 来进行地址赋值。如本例中，把数组 urn 的起始地址（即元素 urn [0] 的地址）赋给 ptr1，把元素 urn [2] 的地址赋给 ptr2。

注意：①地址应该和指针类型兼容。也就是说，不能把一个 double 类型的地址赋给一个指向 int 类型的指针。②不能直接把一个整型数赋值给指针变量，这种操作是非常危险的，除非有特别的需要。

（2）取指针指向的数据——运算符 * 可取出指针指向的内存单元中的数据

因此，最开始 ptr1 指向 urn［0］，* ptr1 就等价于 urn［0］，其值为 100。有一个规则需要特别注意：不能对未初始化的指针取值。例如下面的例子：

```
int * pt;      / * 未初始化的指针 * /
* pt = 5;      / * 一个可怕的错误 * /
```

这样的代码危害极大，这段程序的第二行表示把数值 5 存储到 pt 所指向的内存单元中。但由于 pt 没有被初始化，因此它的值是随机的，不清楚 5 会被存储到什么位置。这个位置也许对系统危害不大，但也许会覆盖程序数据或代码，甚至导致程序的崩溃。

切记：在使用指针之前，必须给它赋予一个已分配的内存地址。

（3）取指针变量的地址——使用地址运算符 & 可以得到指针变量本身的地址

指针变量同其他变量一样具有地址和数值。本例中，ptr1 被存储在内存地址为 0012FF68 的存储单元中，该内存单元的内容是 0012FF6C（即 urn［0］的地址）。

（4）指针加上一个整数——可以使用 + 运算符把一个整数加给一个指针

其结果是该整数先和指针所指类型的字节数相乘，然后所得的结果加上初始的地址值。例如，ptr1 + 4 的结果等同于 &urn［4］。

（5）递增指针——可以通过加法或增量运算符来增加一个指针的值

对指向某数组元素的指针做增量运算，可以让指针指向该数组的下一个元素。对指针加 1 等价于对指针的值加上它指向的对象的字节大小。因此，ptr1 + + 运算是把 ptr1 的值加上数值 4（本书所用系统上的 int 类型占 4 个字节），使 ptr1 指向 urn［1］。

（6）指针减去一个整数——可以用—运算符从一个指针中减去一个整数

首先将该整数和指针所指类型的字节数相乘，然从初始地址值中减掉该结果。所以，ptr3 - 2 的结果等同于 &urn［2］，因为 ptr3 是指向 &urn［4］的。

（7）递减指针——可以通过减法或减量运算符来减少一个指针的值

本例中，ptr2 - - 之后，ptr2 将不再指向 urn［2］，而是指向 urn［1］。可以使用前缀（如 - - ptr1）和后缀形式（ptr1 + +）的增量和减量运算符，注意它们的区别与联系。

(8) 指针减法 (求差值) ——可以求出两个指针间的差值

通常对分别指向同一个数组内两个元素的指针求差值, 以求出元素之间的距离。差值的单位是其所指向的数据类型。如本例中 ptr2 – ptr1 的值是 2, 表示这两个指针所指向对象之间的距离为 2 个 int 数值大小, 而不是 2 个字节。有效指针差值运算的前提是参加运算的两个指针是指向同一个数组内的元素 (或是其中之一指向数组后的第一个数据)。

(9) 比较两个指针——可以使用关系运算符来比较两个指针的值, 前提是两个指针具有相同的类型

注意: 通常是对指向数组的指针做递增、递减运算, 或者加减一个整数, 在做这些运算的时候不要超出所指向的数组的范围。

现在我们就可以明白, 为什么地址值都是一样的, 我们定义指针的时候还要指明它所指向的数据类型呢? 因为不同类型的指针值的增减是以其指向的数据为单位。

8.4.2　通过指针访问二维数组

1. 二维数组的地址

C 语言允许把一个二维数组分解为多个一维数组来处理。设有如下定义:

int a [3] [4];

二维数组 a 可分解为三个一维数组, 即我们可以把二维数组 a 看成一个特殊的一维数组, 每一行看作一个元素, 则该数组包含三个元素: a [0], a [1], a [2], 其中每一个元素都是一个包含四个整型数据的一维数组。我们前面讲过, 数组名是数组首元素的地址, 二维数组名 a 就是首个元素 a [0] 的地址 (行地址)。依此类推, a+1 是 a [1] 的地址, a+i 就是 a [i] 的地址, 即 a+i 等价于 &a [i]。a [0], a [1], a [2] 分别可以看做是三个一维数组的名字, 即这三个一维数组首元素的地址。也就是说 a [0] 是 a [0] [0] 的地址, a [1] 是 a [1] [0] 的地址, a [i] 就是 a [i] [0] 的地址。因此 a [i] +j 就是 a [i] [j] 的地址。

既然 a+i 是 a [i] 的地址, ∗ (a+i) 就是 a [i] 的值, 因此 a [i] +j、∗ (a+i) +j 和 &a [i] [j] 是等价的。那么对于二维数组元素的访问除了用下标法 a [i] [j] 表示之外, 还可以使用指针法: ∗ (∗ (a+i) +j)。

注意: a+1 和 a [i] +1 的不同。a 是一维数组的地址 (行地址), 所以它加 1 要移动一个一维数组的位置, 指向下一个一维数组。而 a [i] 是数组元素 a [i] [0] 的地址, 它加 1 是移动一个整型数据的位置, 指向下一个元素 a [i] [1]。见图 8 - 7。

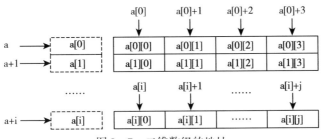

图 8-7　二维数组的地址

2. 访问二维数组的指针变量

既然一个二维数组可以分解为多个一维数组，那么用来访问二维数组的指针存放的就应该是一个一维数组（一行）的地址，而不是一个具体元素的地址，我们称之为数组指针或行指针。定义方式如下：

【格式】：类型说明符　（∗变量名）［常量表达式］；

【说明】：定义时的圆括号是不能省的。类型说明符声明要访问的二维数组的类型，中括号里的常量表达式是要访问的二维数组的列数。

例如：

int（∗pa）［4］；　／∗pa 指向一个包含 4 个 int 数据的一维数组，即二维数组的一行 ∗／

pa 就是一个指向一维数组（二维数组的行）的指针变量，通常用来访问二维数组，当然在我们赋值之前，它是没有具体的指向的。int 说明要通过它访问的是一个整型的二维数组，［4］说明要访问的二维数组每一行有 4 个元素。使用之前直接把待访问的二维数组名（即二维数组的首地址）赋值给它。

【例8.8】通过指针访问二维数组

```c
#include < stdio. h >
int main ( )
{
    int a [3] [4] = {0, 1, 2, 3, 4, 5, 6, 7, 8, 9, 10, 11};
    int ( ∗ pa) [4];
    /∗定义访问二维数组的指针变量，它指向一个包含 4 个整型元素的一维数组 ∗/
    int i, j;
    pa = a;    / ∗对指针变量赋值 ∗/
    for ( i = 0; i < 3; i ++ )
    {
        for ( j = 0; j < 4; j ++ )
            printf("%2d ", ∗ ( ∗ ( pa + i) + j));    / ∗通过指针访问二维数组 ∗/
        printf(" \ n");
```

```
    }
    return 0;
}
```

输出结果：

```
0  1   2   3
4  5   6   7
8  9  10  11
```

将二维数组名 a 赋值给指针变量 pa 后，pa 的值就是 a［0］的地址，我们也可以说 pa 指向 a［0］。因此 pa＋1 指向 a［1］，依此类推 pa＋i 就指向 a［i］，＊（pa＋i）就是 a［i］的值。而 a［i］是 a［i］［0］的地址，因此我们可以说＊（pa＋i）指向 a［i］［0］。见图 8－8。那么就可以推出，＊（pa＋i）＋j 指向 a［i］［j］，也就是说＊（pa＋i）＋j 是 a［i］［j］的地址，再加一个间接运算符＊（＊（pa＋i）＋j），就是二维数组元素 a［i］［j］的值。

除了指针变量的值可以改变而数组名的值不能改变之外，它们两个的用法是基本一致的。即下面的表示方法等价：

a［i］［j］、pa［i］［j］、＊（＊（pa＋i）＋j）、＊（＊（a＋i）＋j）。

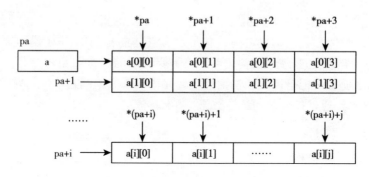

图 8－8　数组指针与二维数组

8.4.3　指针数组与指向指针的指针

1. 指针数组

指针数组是一组有序的指针的集合，是一个元素为指针的数组。指针数组的所有元素都必须是指向相同数据类型的指针变量。

【格式】：类型说明符 ＊数组名［数组长度］；

【说明】：类型说明符是指针所指向的变量的类型。

例如：

int * pa [3];

表示 pa 是一个指针数组，它有三个数组元素，每个元素都是一个指向整型数据的指针。

我们前面讲过字符串有两种表示形式，这对于多个字符串同样适用。对于多个字符串来说，如果采用字符数组存放的形式，需要用到二维数组；如果用字符指针指向，那就得用多个字符指针，这就需要用到指针数组。事实上我们的指针数组最常见的用法就是用来访问一组字符串，这时指针数组的每个元素被赋予一个字符串的首地址。例如：

char * week [ ] = {"Monday",
                   "Tuesday",
                   "Wednesday",
                   "Thursday",
                   "Friday",
                   "Saturday",
                   "Sunday"};

week 是一个指针数组，数组里共有七个元素，都是指向字符串的指针变量。如图 8-9 所示。

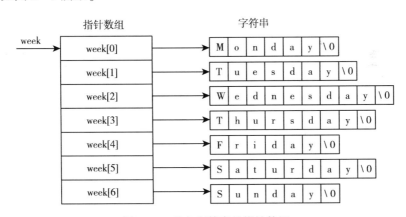

图 8-9 指向字符串的指针数组

【例 8.9】对五个字符串按字母顺序（由小到大）排序。

算法分析：定义一个包含五个元素的字符指针数组，数组元素分别指向每个字符串。通过排序改变字符指针的指向，即让第一个元素指向最小的字符串，第二个元素指向第二小的字符串，依此类推。

程序源代码：

```
/* 字符串排序 */
#include < stdio. h >
#include < string. h >
int main ( )
{
    void sort (char  * name [ ], int n);    /* 函数声明 */
    static char  * name [ ] = { "China","America","Australia",
                        "German","France"};    /* 指针数组初始化 */
int i, n = 5;
    sort (name, n);    /* 调用 sort ( ) 函数，指针数组名和数组长度作为实参 */
    for (i = 0; i < n; i ++)
        printf("% s \ n", name [i]);
    return 0;
}
void sort (char  * name [ ], int n)
{
    char  * pt;
    int i, j, k;
    for (i = 0; i < n - 1; i ++)    /* 选择法排序 */
    {
        k = i;
        for (j = i + 1; j < n; j ++)
            if( strcmp (name [k], name [j]) > 0) k = j;
        if( k != i)
        {
            /* 注意交换的是指针变量的值而不是字符串 */
            pt = name [i];
            name [i] = name [k];
            name [k] = pt;
        }
    }
}
```

输出结果：

```
America
Australia
China
France
German
```

排序改变的不是字符串的位置，而是指针的指向（图 8 - 10）。程序的目的是让指针数组里的第一个元素 name［0］指向最小的字符串，name［1］指向第二小的……依此类推。然后通过指针数组顺序输出，实现排序。有的同学可能会问，为什么不直接对字符串排序呢？这个问题我们在之前已经提到过，考虑下：是交换两个地址值方便还是交换两个包含若干字符的字符串方便？另外对于多个字符串还有一个存放问题，要是直接对字符串操作就要用二维数组来存放，但是要处理的字符串长度不一定相同，这样定义数组时要以最长的字符串为标准，势必会造成内存空间的浪费。

由此可见使用指针访问字符串的好处至少有两个：

（1）访问方便，执行效率高。

（2）节省内存空间。

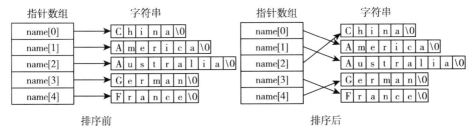

图 8－10　字符串排序

2. 指向指针的指针变量

如果一个指针变量存放的是另一个指针变量的地址，则称这个指针变量为指向指针的指针。指向普通变量的指针称作一级指针，而指向指针的指针称作二级指针，二级指针又分为指向指针变量的指针和指向数组的指针。指向数组的指针前面已经讲过（详见 8.4.2），在此不再重复。

【格式】：类型说明符　＊＊变量名；

设有如下程序段：

int num，＊ptr，＊＊p_ptr；／＊ p_ptr 为指向指针的指针变量 ＊/
num = 10；
ptr = &num；／＊ ptr 指向 int 型变量 num ＊/
p_ptr = &ptr；／＊ p_ptr 指向指针变量 ptr ＊/
printf(" ＊＊p_ptr = ％ d \ n"，＊＊p_ptr)；

它们之间的关系如图 8－11 所示。

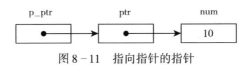

图 8－11　指向指针的指针

p_ptr 的值是 ptr 的地址，＊p_ptr 就是 ptr，也就是 num 的地址，那么＊＊ptr 毫无疑问就是 num 了。printf 函数的输出结果为：

＊＊p_ptr＝10

可以通过指向指针的指针变量来访问指针数组。如，前面关于字符串排序的程序中可以定义一个指向指针的指针变量：

char ＊＊p_name；

把指针数组名赋值给它：

p_name＝name；

通过指针变量 p_name 就可以访问到各个字符串。＊（p_name＋i）、p_name［i］、＊（name＋i）、name［i］是等价的，区别就在于 p_name 的值可以改变，而 name 的值不可改变。

3. 命令行参数

前面介绍的 main（ ）函数都是不带参数的，实际上 main（ ）函数可以带参数。C 语言规定 main（ ）函数的形式参数只能有两个，第一个形参必须是整型变量，第二个形参必须是指向字符串的指针数组，习惯上这两个参数名为 argc 和 argv。因此 main（ ）函数的首行可写为：

int main（int argc，char ＊argv［ ］）

我们前面讲过，形参中的数组符号也可以写成指针形式，所以它还可以写成如下形式：

int main（int argc，char ＊＊argv）

注意：形参的名字可以改，但类型不能改。

由于 main（ ）函数不能被其他函数调用，因此不可能在程序内部取得实参值，其参数值是从操作系统命令行上得到的。当我们编写好一个源程序后，经过编译、连接生成一个可执行程序文件，该程序除了在 C 编译环境下运行外，还可以在操作系统中直接执行。方法是，在 DOS 提示符下键入程序文件名，再输入实际参数，按回车键执行，即可把这些实参传送给 main（ ）的形参。

DOS 提示符下命令行的一般形式为：

可执行程序文件名　参数　参数　……

注意：程序文件名本身也算一个参数。

执行时，参数个数传给 argc（含程序文件名），各个参数作为字符串处理，第一个参数（即程序文件名）的首地址传给 argv［0］，第二个传给 argv［1］，……

【例 8.10】 命令行参数

```
/* ch8_10.c -- main () 函数的参数 */
#include <stdio.h>
int main (int argc, char * argv [])
{
    int count;
    for (count = 1; count < argc; count ++)
        printf("%s\n", argv [count]);
    return 0;
}
```

设源程序文件名为 ch8_10.c，经过编译、连接，生成可执行程序 ch8_10.exe。在命令行窗口输入如下命令：

ch8_10 Hello World!

结果如图 8-12 所示：

图 8-12　命令行参数

注意：

（1）其中的 "C：\ CPROGRAM \ ch8_10 \ debug >" 为系统提示符，表示当前目录为 "C：\ CPROGRAM \ ch8_10 \ debug"。如果 ch8_10.exe 程序不在命令行窗口的当前目录下，需使用绝对路径或改变其所在文件夹为当前目录。如图 8-13 所示：

图 8-13　改变当前目录

"cd" 为改变当前目录命令。

（2）"ch8_10 Hello World!" 是输入的命令，而：

Hello
World!

是程序执行的结果。程序执行完后又返回到系统提示符状态，等待下次命令的输入。

当输入命令 "ch8_10 Hello World!" 按下回车键后，由系统把实参传给 main（）函数的形参，此时 argc 的值为 3，argv 与各个字符串的关系参见图 8 - 14。

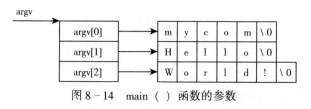

图 8 - 14　main（）函数的参数

8.4.4　指针与函数

1. 返回指针值的函数

C 语言允许一个函数的返回值是一个指针（地址值），这样的函数称为指针型函数。

【格式】：

类型说明符 ∗ 函数名（形参表列）
{
　……　　　/∗ 函数体 ∗/
}

【说明】：函数名之前的 "∗" 号表明这是一个指针型函数，即返回值是一个指针。类型说明符是返回的指针值所指向的数据类型。

2. 指向函数的指针

在 C 语言中，一个函数总是占用一段连续的内存区，而函数名就是该函数所占内存的首地址（或称入口地址）。我们可以把函数的入口地址赋给一个指针变量，使该指针变量指向该函数，然后通过指针变量就可以调用这个函数。

【格式】：类型说明符　（∗变量名）（形参表列）；

【说明】：

（1）类型说明符是要指向的函数类型，∗ 是定义指针变量的一个标志。

（2）若指向的函数无参数，形参表列可以省略，但（）不能省，它说明该指针指向的是一个函数。

（3）"＊变量名"外面的圆括号也一定不能省，如果省略就变成返回指针值的函数了。

【例8.11】指向函数的指针变量

```
#include < stdio. h >
int max （int x, int y）; /＊函数声明＊/
int main （）
{
    int a = 3, b = 5;
    int （＊p_max）（int, int）; /＊定义指向函数的指针变量 p_max，要指向的函数为
int 类型，带两个 int 类型的形参，形参的名字可以省略＊/
    p_max = max; /＊赋值，将函数名（函数的入口地址）赋给 p_max ＊/
    printf("Max is % d \ n", （＊p_max）（a, b）); /＊调用函数，用（＊p_max）替代
函数名＊/
    return 0;
}
int max （int x, int y）
{
    if( x > y)     return x;
    else           return y;
}
```

输出结果：

```
Max is 5
```

注意：

（1）定义指向函数的指针变量时，两对圆括号都不可少。

（2）对指向函数的指针变量赋值时，直接赋函数名即可。

（3）通过指向函数的指针调用函数时，直接用"（＊指针变量名）"替代函数名即可，圆括号同样不可少。

小结

指针是 C 语言的一个难点，对于初学者来讲不太容易理解，学习的过程中重点把握以下几点：

1. 定义指针时一定要指明它存放的是哪种数据类型的地址，而且指针在没有赋值前不能直接引用。对指针赋值一定要赋地址，且所赋的地址类型要同定义指针时的类型一致。

2. 指针可以进行加减一个整数、相减以及比较运算，运算时以其指向的数据类型为单位。

3. 如果需要在一个函数中操作另一个函数中的变量，尤其是需要操作的变量超过一个以上时，可以使用指针作为函数参数。

4. 通过指针可以很方便地访问数组，访问一维数组的指针指向的是一维数组中的一个元素，而访问二维数组的指针指向的是二维数组的一行。对访问数组的指针赋值时，通常可以直接将数组名赋给它。通过数组名和指针都可以访问到数组中的元素，用法基本相同，除了数组名的值不可改变而指针变量的值可以改变以外。

5. 用指针访问字符串比用数组既方便快捷，又节省空间。如果要访问的是多个字符串，可以使用指针数组。

习题 8

1. 编写一个函数，找出数组中最大的元素，并返回最大元素及其下标值。要求输入、输出在 main（）函数中实现。

2. 编写一个函数，实现 n 阶方阵的转置（即行列互换）。

3. 编写一个函数 mystrcat（），实现字符串连接函数 strcat（）的功能。

4. 编写一个函数，删除一个字符串中的指定字符。如字符串为"abcd-cef"，指定字符为'c'，则删除完成后字符串变为"abdef"。字符串及指定字符由 main（）函数传递给该函数。

5. 利用 main（）函数的参数，实现任意两个整数的四则运算。如程序编译、连接后形成的可执行程序文件名为 count. exe，则在 DOS 提示符下输入：

count 10 +5 ↙

输出 10 和 5 的和 15。

项目九　制作综合成绩单
——结构体

- **教学目标**

  ➤ 掌握结构体类型的说明、结构体变量的定义及初始化方法；
  ➤ 掌握结构体变量成员的引用方法；
  ➤ 了解链表的相关操作。

9.1　项目描述

输入一个班30名同学的学号、姓名、三门课的成绩，计算出总分，按总分由高到低排序并输出。

运行结果（为方便程序调试，我们以3名同学为例）：

```
请输入 3 个同学的学号、姓名、三门课的成绩
2018001  Winnie 85 88 89
2018002  Alex 80 83 95
2018003  Anne 82 92 91
                综合成绩单
学员        姓名      高数      英语     C 语言      总分
2018003     Anne     82.00    92.00    91.00     265.00
2018001    Winnie    85.00    88.00    89.00     262.00
2018002     Alex     80.00    83.00    95.00     258.00
```

9.2　相关知识

9.2.1　结构体类型的声明

C 语言的结构体（struct），也称作结构，是由不同类型数据构造而成的，相当于其他高级语言中的"记录"。使用结构体可以灵活的表示多种数据，进一步增强了 C 语言表示数据的能力。与其他数据类型不同的是，结构体类型需要用户自己去建立。

结构体类型声明是描述结构体如何组合的方法，用户可以根据自己的需要去建立各种不同的结构体类型。

【格式】：

struct 结构体名

{

　　成员表列

};

【说明】：

（1）struct 是声明结构体类型的关键字，结构体名（可选项，也称作结构体标记）是用来引用该结构体类型的标记，它与 struct 一起构成了所声明的结构体类型名。

（2）成员表列中的每个成员都是该结构体的一个组成部分，对每个成员也必须要作类型说明，其形式为：

　类型说明符 成员名；

（3）大括号外面的分号不可少。

例如，我们上面提到的学生信息就可以声明成如下结构体类型：

```
struct stu_score
{
    int num;
    char name [20];
    float score;
};
```

9.2.2　结构体变量的定义与引用

结构体类型声明完成后，下一步就是用声明的新类型去定义变量了。类型声明只是告诉编译器如何表示数据，并没有为数据分配实际的内存空间。定义结构体变量时，编译器使用声明的类型模板为该变量分配内存空间，整个结构体变量所占据的内存空间是所有成员的和。

1. 定义结构体变量

定义结构体变量的方法有以下三种：

（1）先声明后定义

例如，前面我们已经声明好了关于学生成绩信息的结构体类型，现在就可以用声明的类型去定义变量了，方式如下：

```
struct stu_score stu1;
```

其中 struct stu_score 是结构体类型名，就像 int 或 float 的作用一样，需要注意的是，结构体类型说明符是由 struct 关键字加上结构体名共同组成的，二者缺一不可。stu1 是结构体变量名，如果同时定义多个变量，各变量名之间需用逗号间隔。

（2）声明的同时定义

我们也可以在声明类型的同时定义结构体变量，如：

```
struct stu_score
{
    int num;
    char name [20];
    float score;
} stu1;
```

同上面的定义是等价的。变量名要写在大括号外面，分号前面，如果有多个变量用逗号作间隔。此后，我们还可以继续用新声明的类型 struct stu_score 去定义其他变量。

（3）直接定义

既然声明结构体类型的过程和定义结构体变量的过程可以被合并成一步，那么这种情况下作为可选项的结构体名是可以省略的，如下所示：

```
struct   /* 无结构体名作为引用类型的标记 */
{
    int num;
    char name [20];
    float score;
} stu1;
```

但是，因为没有结构体名作为引用结构体类型的标记，所以此种形式声明的类型不可多次使用。如果想多次使用同一个结构体类型模板，就需要使用带有标记的形式。

结构体变量 stu1 所分配的内存空间是所有成员的和：一个 int 型 num 成员占 4 个字节，char 型数组成员 name 占 20 个字节，float 类型的 score 占 4 个字节，总共 28 个字节（见图 9 - 1）。设有如下语句：

```
printf("%d", sizeof(stu1)); /* sizeof 运算符以字节为单位返回其操作数所占内存空间的大小，其后可以跟变量名或类型名，在此 sizeof(stu1) 与 sizeof(struct stu_score) 是等价的 */
```

输出结果为：

28

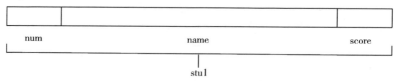

图 9 - 1 结构体变量的内存分配

2. 结构体变量的初始化

和其他类型变量一样，对结构体变量也可以在定义时进行初始化赋值，其方法与数组初始化类似。整个初始化成员表列使用一个花括号括起来，各成员值之间用逗号作间隔，且其值需要与初始化的结构体成员类型相匹配。如：

struct stu_score stu1 = {2011001,"Winnie", 89.5};

初始化完成后，变量 stu1 的 num 成员值为 2011001，name 数组成员存放的是字符串"Winnie"，score 成员的值是 89.5。

3. 访问结构体成员

除了给相同类型结构体变量赋值以及作为函数参数传递之外，结构体变量通常不允许作为一个整体来引用，对于结构体变量的访问需要一个成员一个成员的进行。

【格式】：结构体变量名 . 成员名

【说明】："."是引用结构体成员的运算符，其优先级同 [ ]、( ) 一样处于最高级。如果成员又是一个结构体类型，可通过"."运算符层层引用：结构变量名 . 成员名 . 成员名。

例如，stu1. num 是 stu1 的 num 成员，可以像使用任何其他 int 类型变量一样使用 stu1. num。每一个结构体成员也都有自己独立的地址，可以直接引用。如：

stu1. num = 2011001;
strcpy（stu1. name,"Winnie"）; /＊ stu1. name 是 name 数组成员的首地址 ＊/
stu1. score = 89.5;

9.2.3 结构体数组

通过前面知识的学习，我们掌握了如何处理一个同学的信息，即结构体变量的定义与使用。如果要处理一个班级 30 名同学的信息，就要用到结构体数组。

1. 定义结构体数组

定义一个结构体数组和定义任何其他类型的数组相同。跟结构体变量一样，结构体数组的定义也可以采用三种形式：先声明后定义、声明的同时定义和直接定义。例如：

```
struct stu_score stu [30]; /*先声明后定义*/
```

该语句定义 stu 为一个具有 30 个元素的数组，数组中的每个元素都是 struct stu_score 类型的结构体数据。因此，stu [0] 是第一个 struct stu_score 类型的结构体数据，stu [1] 是第二个 struct stu_score 类型的结构体数据，依此类推（图 9-2）。

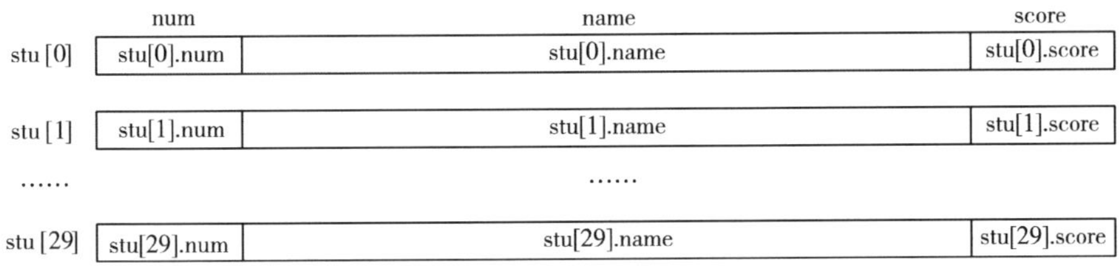

	num	name	score
stu [0]	stu[0].num	stu[0].name	stu[0].score
stu [1]	stu[1].num	stu[1].name	stu[1].score
……		……	
stu [29]	stu[29].num	stu[29].name	stu[29].score

图 9-2　结构体数组

2. 结构体数组的初始化

结构体数组的初始化与二维数组类似，如：

```
struct stu_score
{
    int num;
    char name [20];
    float score;
} stu [3] = {{2011001,"Winnie", 89.5},
            {2011002,"Alex", 95.0},
            {2011003,"Anna", 91.0}}; /*声明类型的同时定义数组*/
```

简单起见，我们定义了一个包含三个元素的一维数组。整个初始化元素表列用一个花括号括起来，为了使程序更清晰易读，每一个元素的所有成员再放到一个花括号里面（类似于二维数组的分行赋值），元素与元素以及元素各成员之间用逗号作间隔。{2011001,"Winnie", 89.5} 是第一个元素 stu [0] 各成员的值，{2011002,"Alex", 95.0} 是第二个元素 stu [1] 各成员的值，依此类推。

3. 标识结构体数组的成员

结构体数组元素跟普通结构体变量用法相同，因此结构体数组成员的访问，同结构体变量是一样的规则：在结构体数组元素名后加一个点运算符，然后是成员名。如：

```
stu [0]. num /* 第1个数组元素的 num 成员 */
stu [2]. name /* 第3个数组元素的 name 成员 */
```

注意下面表达式的含义：

stu［2］. name［3］

这是结构体数组第 3 个元素（stu［2］）的 name 数组成员的第 4 个字符（name［3］），在本例中即为字符串"Anna"中的字符'a'。

作为总结，我们要能够区别下面的表达式：

```
stu                      /* 结构体数组 */
stu［2］                  /* 结构体数组元素，相当于一个结构体变量 */
stu［2］. name            /* 数组元素 stu［2］的 name 成员，一个 char 型数组 */
stu［2］. name［3］        /* name 数组成员的一个元素（字符）*/
```

4. 结构体数组的应用

【例 9.1】输入一个班级 30 名同学的学号、姓名及 C 语言成绩，并按成绩由高到低排序。

问题分析：先声明一个包含学号、姓名、成绩三个成员的结构体类型，然后定义一个长度为 30 的结构体数组，用来存放这 30 名同学的信息，按照成绩进行排序。为调试程序方便起见，我们先来处理 3 名同学的信息。

程序源代码：

```
#include < stdio. h >
#define N 3
struct stu_score
{
    int num;
    char name［20］;
    float score;
}; /* 声明结构体类型 */
int main ( )
{
    struct stu_score stu［N］; /* 定义结构体数组 */
    struct stu_score temp; /* 中间变量，排序时用作交换 */
    int i, j, k;
    printf("Please input % d students' information（number name score）: \ n", N);
    /* 输入学生信息（学号 姓名 成绩）*/
    for（i = 0; i < N; i ++）
    {
        scanf("% d% s% f", &stu［i］. num, stu［i］. name, &stu［i］. score);
    }
    /* 按成绩由高到低排序（选择法）*/
    for（i = 0; i < N - 1; i ++）
    {
```

```
    k = i;
    for ( j = i + 1; j < N; j + + )
        if( stu [ k ]. score < stu [ j ]. score )
            k = j;
    if( k ! = i)
    {
        temp = stu [ k ];
        stu [ k ] = stu [ i ];
        stu [ i ] = temp;
    }
}
/ * 输出排序后的结果 * /
printf(" \ nHere's the sorted list: \ n");
for ( i = 0; i < N; i + + )
    printf("%12d%12s%12. 2f \ n", stu [ i]. num, stu [ i]. name, stu [ i]. score);
return 0;
}
```

运行结果:

```
Please input 3 students' information (number name score)
2018001 Winnie 89. 5
2018002 Alex 95. 0
2018003 Anna 91. 0
Here's the sorted list:
    2018002    Alex    95. 00
    2018003    Anna    91. 00
    2018001    Winnie    89. 50
```

那么如果要处理一个班级 30 名同学的信息, 程序该作何修改呢? 事实上, 我们用该程序可以处理任意多个同学的信息, 方法就是修改符号常量 (宏) N 所代表的值。如果要处理的是 30 名同学的信息, 将程序开始的 "#define N 3" 改为 "#define N 30" 即可, 其他任何地方无需改动。

9. 2. 4　指向结构体的指针

使用指向结构体的指针至少三方面的原因: 第一, 指向结构体的指针通常都比结构体本身更容易操作。第二, 在一些早期的 C 实现中, 结构体本身不能作为函数参数传递, 但指向结构体的指针可以。第三, 某些结构体数据的表示都使用了包含指向其他结构体的指针成员, 如链表里的结点。

1. 结构体指针的定义与应用

（1）指向结构体变量的指针

每个结构体变量及其成员都有自己独立的地址，设有如下定义：

struct stu_score stu1 ;

那么 &stu1 就是结构体变量 stu1 的地址，&stu1. num 是 stu1 的 num 成员的地址，stu1. name（注意不能写成 &stu1. name）是 name 数组成员的地址，&stu1. score 是 score 成员的地址（图9-3）。

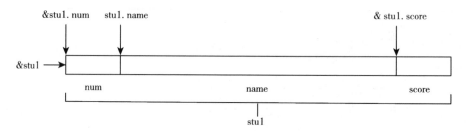

图9-3　结构体变量及其成员的地址

从图9-3我们可以看出，&stu1 和 &stu1. num 指向同一个内存单元，即它们的值是相同的，也就是说整个结构体变量的地址值就是其首个成员的地址值。但是需要注意的是它们的类型是不一样的。&stu1 是结构体变量的地址，只能赋值给指向结构体的指针变量，用它加减一个整数时是以整个结构体变量所占的内存大小为单位的。而 &stu1. num 是 int 型数据的地址，只能赋值给指向 int 型数据的指针变量，用它加减一个整数时，以 int 型数据所占内存大小为单位。

定义指向结构体的指针变量跟定义指向其他数据类型的指针变量没什么差别，只不过类型说明符为结构体类型而已。如：

struct stu_score * p_stu;

p_stu 就是一个用来指向结构体的指针变量，当然在赋值之前它是没有任何具体的指向的。我们可以把已经定义好的结构体变量的地址赋值给它，如：

p_stu = &stu1 ;

p_stu 就指向结构体变量 stu1，我们可以通过 p_stu 来访问 stu1 的各个成员。

（2）通过指针访问结构体成员

既然指向结构体的指针变量 p_stu 存放的是结构体变量 stu1 的地址，那么 * p_stu 就是 stu1 的值。但是我们前面讲过，结构体变量通常不允许作为一个整体来引用，对于结构体变量的访问需要一个成员一个成员的进行。那么如何通过指向结构体的指针来访问结构体成员呢？

【格式】：

指针变量名 – >成员名

或者：

（＊指针变量名）. 成员名

【说明】：

（1）“ – >”为指向运算符，取结构体指针所指向的结构体变量的成员，其优先级与“.”运算符相同。

（2）“（＊指针变量名)”中的圆括号一定不能省略，因为“.”的优先级高于“＊”。

总之，如果 p_stu 是指向 stu1 的指针，则下列表达式是等价的：

stu1. num ＝＝（＊p_stu）. num ＝＝ p_stu – >num ／＊ 设 p_stu ＝＝&stu1 ＊／

2. 指针访问结构体数组

【例9.2】输入 3 名同学的学号、姓名及 C 语言成绩，并输出。

```
#include < stdio. h >
#define N 3
struct stu_score
{
    int num;
    char name [20];
    float score;
}; ／＊ 声明结构体类型 ＊／
int main ( )
{
    struct stu_score stu [N], ＊p_stu; ／＊ 定义指向结构体数组的指针变量 ＊／
    printf("Please input % d students ' information（number name score）: \ n", N);
／＊ 输入学生信息 ＊／
    for（p_stu = stu; p_stu < stu + N; p_stu ++）
    {
        scanf("% d% s% f", &（p_stu – >num), p_stu – >name, &（p_stu – >score));
    }
    p_stu = stu; ／＊ 让 p_stu 重新指向数组首元素 ＊／
／＊ 输出学生信息 ＊／
    for（p_stu = stu; p_stu < stu + N; p_stu ++）
        printf("% 12d% 12s% 12. 2f \ n", p_stu – >num, p_stu – >name, p_stu – >score);
    return 0;
}
```

运行结果：

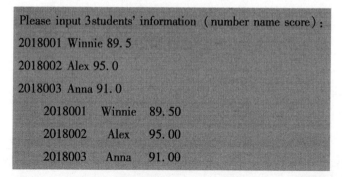

Please input 3students' information （number name score）：
2018001 Winnie 89.5
2018002 Alex 95.0
2018003 Anna 91.0
   2018001   Winnie   89.50
   2018002   Alex   95.00
   2018003   Anna   91.00

注意 for 循环中三个表达式的含义，将 p_stu 的初始值设为结构体数组首元素的地址，每次执行 p_stu + + 后，p_stu 指向下一个数组元素，直到 p_stu 的值大于最后一个数组元素的地址值时循环结束。也就是说，循环结束后 p_stu 指向 stu 数组后面的第一个数据，见图 9 - 4。所以，我们在第一个循环语句结束之后，第二个循环语句开始之前，添加了一条语句：p_stu = stu；，让 p_stu 重新指向数组的第一个元素。

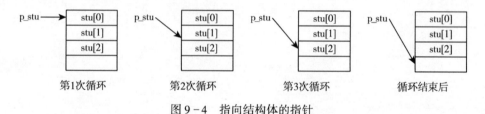

第1次循环   第2次循环   第3次循环   循环结束后

图 9 - 4　指向结构体的指针

3. 结构体指针作函数参数

通过函数参数可以实现函数间的数据传递，传递的可以是变量的值也可以是变量的地址。结构体比一个单值要复杂一些，ANSI C 允许把结构体变量作为参数传递，或者把指向结构体的指针作为参数传递。如果只关心结构体的一部分，还可以将结构体成员作为参数传递给函数。下面我们分别来看看这三种方法。

（1）结构体成员作函数参数

每个结构体成员都有自己独立的数值和地址，用它作为函数参数跟普通的变量没什么差别。如用上面例子中的 num 成员作为函数参数，其用法跟普通的 int 类型变量一样，在此我们不再赘述。

（2）结构体变量作函数参数

用结构体变量作为函数参数，传递的是结构体变量的值。这种传递要将全部成员逐个进行，特别是成员为数组时传递的时间和空间开销很大，严重地降低了程序的效率。因此，对于结构体变量作为函数参数我们不再展开讲解，重点来看下使用指向结构体的指针作为函数参数。

（3）指向结构体的指针作函数参数

用指向结构体的指针作函数参数，传递的是结构体变量的地址，因此会大大减少时间和空间上的开销，从而提高程序的效率。请同学们自己改写一下例题 9.1，输入 30 名同学的学号、姓名及 C 语言成绩，并按成绩由高到低排序。排序用函数实现，输入、输出在主函数中完成。

9.3 项目分析与实现

输入一个班 30 名同学的学号、姓名、三门课的成绩，计算出总分，按总分由高到低排序并输出。

9.3.1 算法分析

输入一个班 30 名同学的学号、姓名、三门课的成绩，计算出总分，按总分由高到低排序并输出。

解题思路如下：

（1）声明一个包含学号、姓名、成绩（三门课加总分）三个成员的结构体类型；

（2）定义一个长度为 30 的结构体数组；

（3）求出每个同学的总分；

（4）按照总分由高到低排序；

（5）输出排序后的结果。

关于排序的算法，我们前面已经讲过了，在此只要注意一下结构体类型的用法即可。

9.3.2 项目实现

源代码：

```
/* 制作综合成绩单 */
#include < stdio. h >
#define N 30
int main ( )
{
    struct student
    {
        int num;
```

```
    char name [30];
    float score [4];
} stu [N], temp; /*声明结构体类型的同时定义一个结构体数组 stu 和变量
temp*/
    int i, j;
    float sum;
    printf("请输入%d个同学的学号、姓名、三门课的成绩: \ n", N);
    for (i=0; i<N; i++) //输入每个同学的学号、姓名、三门课的成绩, 并计算出
总分
    {
      sum =0;
      scanf("%d%s", &stu [i]. num, stu [i]. name);
      for (j=0; j<3; j++)
        {
        scanf("%f", &stu [i]. score [j]);
        sum += stu [i]. score [j];
        }
      stu [i]. score [j] =sum;
    }
    for (i=1; i<N; i++) //按照总分由高到低排序
      for (j=0; j<N-i; j++)
        if( stu [j]. score [3] < stu [j+1]. score [3])
        {/*注意, 此处交换的是整个结构体数据, 而非单个成绩成员*/
          temp = stu [j];
          stu [j] = stu [j+1];
          stu [j+1] =temp;
        }
    printf(" \ n \ t \ t \ t 综合成绩单 \ n");
    printf(" \ n学号 \ t 姓名 \ t 高数 \ t 英语 \ tC 语言 \ t 总分 \ n");
    for (i=0; i<N; i++)
    {
      printf("%d \ t%s \ t", stu [i]. num, stu [i]. name);
      for (j=0; j<4; j++)
        {
        printf("%.2f \ t", stu [i]. score [j]);
        }
      printf(" \ n");
    }
  }
```

为了方便调试, 我们把语句:

#define N 30

改为:

#define N 3

运行结果:

请输入 3 个同学的学号、姓名、三门课的成绩:

2018001 Winnie 85 88 89

2018002 Alex 80 83 95

2018003 Anne 82 92 91

综合成绩单

学员	姓名	高数	英语	C 语言	总分
2018003	Anne	82.00	92.00	91.00	265.00
2018001	Winnie	85.00	88.00	89.00	262.00
2018002	Alex	80.00	83.00	95.00	258.00

分析总结:

排序算法前面我们已经讲过,在此不再赘述。对结构体类型数据排序时需要注意的是,排序按照总分排,但交换的时候要交换整个结构体数据。另外,在这个成绩单里我们没有输出名次,各位同学可以思考一下如何输出名次。

9.4 知识拓展

9.4.1 链表

1. 链表概述

数组和链表是两个基本的线性结构,很多编程问题都可以用它们来处理。关于数组前面我们已经探讨了很多,大家都知道使用数组可以给我们带来很多的方便,但同时它也存在一些弊病。比如,数组的大小要在定义时指定,并且在程序执行过程中不能调整,这样常常会造成存储空间的浪费;向数组中插入或者删除一个元素,必须要移动其他元素重新进行安置,费时费力。而使用链表正好可以解决这些问题。

链表中的各个元素在内存中不需要连续存放,而是通过指针将各元素连接起来,就像一条“链子”一样。链表由一系列结点(链表中每一个元素称为结点)组成,结点可以在运行时动态生成。每个结点包括两个部分:一部分是存储数据元素的数据域,另一部分是存储下一个结点地址的指针域。图 9-5 就是关于简单链表的示意图,分为两种:带头结点的和不带头结点的。所谓头结点,是一个数据域为空的结点。在操作上,带头结点的链表无论要插入或删除的是第一个结点还是其他结点，其算法是相同的。而对于不带头结点的链表而言，插入或删除第一个结点和其他结点的算法是不一样的。本书介绍的是带头结点的链表，由 head 指针指向头结点，整个链表终止于指针值为 NULL 的尾结点。

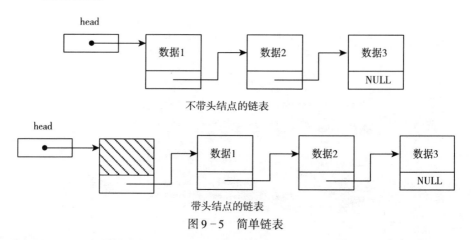

图 9 - 5　简单链表

链表中的结点是一种结构体类型，其最后一个成员都是一个指向该结构体的指针。其类型声明形式为：

```
struct 结构体名
{
    数据成员定义
    struct 结构体名 *指针变量名;
};
```

例如：

```
struct stu_score
{
    int num;
    float score;
    struct stu_score *next;
};
```

2. 动态存储分配

相比于数组而言，链表不仅能够比较方便地进行插入和删除操作，而且可以根据需要在程序执行过程中动态的申请分配内存空间。C 语言提供了一些内存管理函数，这些内存管理函数可以按需要动态地分配内存空间，也可以把不再使用的空间回收待用，为有效地利用内存资源提供了方便。常用的内存管理函数有以下三个：

（1）内存分配函数 malloc（ ）

函数原型：

void ＊malloc（unsigned size）;

功能：在内存的动态存储区中分配一块长度为"size"字节的连续区域。函数的返回值为该内存区域的首地址。

调用形式：

（类型说明符＊）malloc（size）

"（类型说明符＊）"表示把返回值强制转换为该类型指针，"size"是一个无符号整数。例如：

int ＊p;
p =（int ＊）malloc（sizeof(int)）;

动态申请分配一个 int 类型大小的内存空间，并把该空间的地址赋给指针变量 p。接下来，通过指针 p 我们就可以访问该内存空间。例如：

＊p = 2012;

注意："void ＊"说明该函数的返回值是一个 void 类型的指针。ANSI 新标准增加了一种"void"指针类型，即可以定义一个指针变量，但不指定它具体指向哪一种类型数据。

（2）内存分配函数 calloc（ ）

函数原型：

void ＊calloc（unsigned n，unsigned size）;

功能：在内存的动态存储区中分配 n 个长度为"size"字节的连续区域。函数的返回值为该内存区域的首地址。

调用形式：

（类型说明符＊）calloc（n，size）

"n"和"size"都是无符号整数。例如：

int ＊p;
p =（int ＊）calloc（10，sizeof(int)）;

（3）free（ ）函数

函数原型：

void free（void ＊p）;

功能：释放指针 p 所指的内存区域。

调用形式：

free（p）

p 的值为内存分配函数的返回值。

3. 链表的基本操作

链表的基本操作有：创建、插入、删除、输出等。下面我们分别通过几个具体的例子来看一下。设已有如下声明：

```
struct stu_score
{
    int num;
    float score;
    struct stu_score * next;
}; /* 声明结点类型 */
```

且有如下宏定义：

```
#define NODE struct stu_score
```

（1）创建链表

【例 9.3】编写一个函数用来创建链表。

基本思路：

①创建一个头结点，让头指针 head 和尾指针 tail 都指向该结点，并设置该结点的指针域为 NULL（链尾标志）。

②为实际数据创建一个结点，用指针 pnew 指向它，若输入的成绩不为负，将实际数据写入该结点的数据域，其指针域置为 NULL。将创建的结点插入到 tail 所指结点的后面，同时使 tail 指向 pnew 指向的结点。见图 9-6。

③重复②，直到成绩为负时结束。

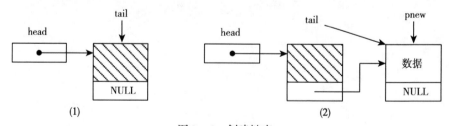

图 9-6　创建链表

代码如下：

```
NODE * create_linklist ( )    /* 创建链表 */
{
    NODE * head, * tail, * pnew;
```

```
int n;
float s;
head = (NODE * ) malloc (sizeof( NODE));    /* 创建头结点 */
head - > next = NULL;    /* 头结点的指针域置 NULL */
tail = head;    /* 开始时尾指针指向头结点 */
printf("Please input student's information (number score): \ n");
while (1)
{
    scanf("%d", &n);    /* 输入学号 */
    scanf("%f", &s);    /* 输入成绩 */
    if(s < 0) break;    /* 成绩为负, 循环退出 */
    pnew = (NODE * ) malloc (sizeof( NODE));    /* 创建一个新结点 */
    pnew - > num = n;
    pnew - > score = s;
    pnew - > next = NULL;    /* 新结点的指针域置 NULL */
    tail - > next = pnew;    /* 将新结点插入到 tail 所指结点的后面 */
    tail = pnew;    /* 使 tail 指向 pnew 指向的结点 */
}
return (head);
}
```

（2）插入结点

【例9.4】编写一个插入结点的函数，在第 i 个结点之后插入一个新结点（若 i 为 0 表示头结点）。

基本思路：通过单链表的头指针 head，首先找到链表的第一个结点；然后顺着结点的指针域找到第 i 个结点，最后将 pnew 指向的新结点插入到第 i 个结点之后。插入时首先将新结点的指针域指向第 i 个结点的后继结点，然后再将第 i 个结点的指针域指向新结点。注意顺序不可颠倒。见图 9 - 7。

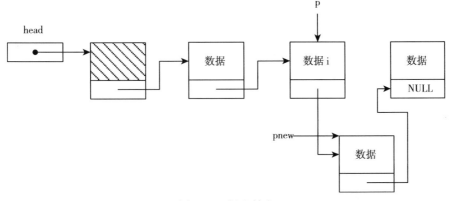

图 9 - 7　插入结点

代码如下：

```
void insert_linklist (NODE *head, NODE *pnew, int i)
{
    NODE *p;
    int j;
    p = head;
    for (j = 0; j < i&&p! = NULL; j++)    /* 将 p 指向要插入的第 i 个结点 */
        p = p - > next;
    if(p == NULL)    /* 若链表中第 i 个结点不存在, 终止函数的执行 */
    {
        printf("The % d node not found! \ n", i);
        return;
    }
    pnew - > next = p - > next;    /* 将插入结点的指针域指向第 i 个结点的后继结点 */
    p - > next = pnew;             /* 将第 i 个结点的指针域指向插入结点 */
}
```

(3) 删除结点

【例 9.5】编写一个删除结点的函数, 删除第 i 个结点。

基本思路：通过单链表的头指针 head, 首先找到链表中指向第 i 个结点的前驱结点的指针 p 和指向第 i 个结点的指针 q; 然后删除第 i 个结点。删除时只需执行 p - > next = q - > next 即可, 当然不要忘了释放结点 i 的内存单元。见图 9-8。注意当 i==0 时, 表示头结点, 是不可删除的。

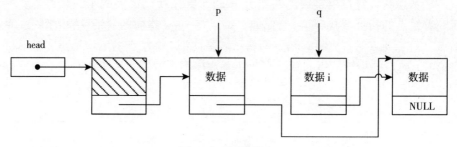

图 9-8　删除结点

代码如下：

```
void delete_linklist (NODE *head, int i)
{
    NODE *p, *q;
    int j;
    if(i==0)    return;    /* 若删除的是头结点, 则停止函数执行 */
```

```
    p = head;
    for (j = 1; j < i&&p - > next! = NULL; j + + )
        p = p - > next;    /* 让 p 指向要删除的第 i 个结点的前驱结点 */
    if( p - > next == NULL)    /* 若链表中第 i 个结点不存在,终止函数的执行 */
    {
        printf("The % d node not found! \ n", i);
        return;
    }
    q = p - > next;    /* 让 q 指向待删除的结点 i */
    p - > next = q - > next;    /* 删除结点 i */
    free (q);    /* 释放结点 i 所占的内存单元 */
}
```

（4）输出链表

【例 9.6】编写一个函数,输出链表中所有结点的数据域。

基本思路:通过单链表的头指针 head,使指针 p 指向实际数据链表的第一个结点,输出其数据值,接着让 p 指向下一个结点,输出其数据值,如此反复,直到 p 为 NULL 结束。

代码如下:

```
void print_linklist (NODE * head)
{
    NODE * p;
    for (p = head - > next; p! = NULL; p = p - > next)
        printf("% 12d% 12. 2f \ n", p - > num, p - > score);
}
```

9.4.2　共用体

共用体（union）,也称作联合,是一种在同一个存储空间里存储不同类型数据的数据类型。同结构体一样,共用体也需要用户自己声明类型,只需将声明结构体类型的关键字 struct 改为 union 即可。如:

```
union myunion
{
    int i;
    double d;
};
```

"union myunion"就是我们新声明的共用体类型名,接下来就可以用它去定义共用体变量、共用体数组以及指向共用体的指针变量了,方法同结构体。如：

```
union myunion u1；/* 定义共用体变量 u1 */
union myunion u［10］；/* 定义包含 10 个元素的共用体数组 u */
union myunion *pu；/* 定义指向共用体类型变量的指针 pu */
```

以上采用的是"先声明后定义"的方式，跟结构体一样我们也可以采用"声明的同时定义"或者"直接定义"的方式，在此不再赘述。

共用体成员的引用方式也同结构体一样，设有如下语句：

pu = &u1；

那么，下面三个表达式是等价的：

ul. i == (*pu) . i == pu －> i

跟结构体不同的是，共用体的各个成员占用的是同一块内存空间，所分配内存空间的大小取决于占内存空间最大的那个成员。本例的两个成员中，占内存空间大的是 double 类型的成员 d，在我们的系统里它需要 64 位，即 8 个字节。因此，整个共用体变量所分配的内存空间就是 8 个字节。各成员对内存空间的分配采用的是"覆盖技术、轮流使用"，即在同一时刻只能存储一个成员的值。

9.4.3 枚举

在一些实际问题中，某些变量的取值被限定在一个有限的范围内。例如，一个星期只有七天，一年只有十二个月等等。对于这样的数据，我们可以用枚举类型来表示。枚举类型可以用来声明代表整数常量的符号名称，其目的是提高程序的可读性。通过使用关键字 enum，可以创建一个新类型并指定它可以具有的值。枚举类型的声明同结构体和共用体有些类似。

【格式】：

```
enum 枚举名
{
    枚举元素表列
};
```

例如：

```
enum week
{
    Monday, Tuesday, Wednesday, Thursday, Friday, Saturday, Sunday
};
```

【说明】：

（1）"enum week"是所声明的枚举类型名，可以用它去定义枚举变量。如：

enum week w;

w 是一个枚举变量，它的值只能从花括号中列出的枚举元素中取。如：

w = Sunday;

（2）在枚举元素表列中应罗列出所有可能的值，这些值称为枚举元素。每个枚举元素都是 int 类型的常量，其默认值被指定为 0、1、2……。本例中，Monday 的值为 0，Tuesday 的值为 1，依此类推。

（3）我们可以在声明枚举类型时指定枚举元素所代表的整数值。如：

enum color {red = 255，yellow = 202，blue = 228}；

或者，也可只指定部分枚举元素的值，此时后面未赋值的枚举元素会被赋予后续的值。如：

enum color {red，yellow = 202，blue}；

red 的值是默认值 0，blue 的值为 203。

（4）枚举元素是 int 类型的常量，因此在使用 int 类型的任何地方都可以使用它。而枚举变量则可以像整型变量那样使用。

9.4.4　类型定义符 typedef

typedef 工具是一种高级数据特性，它使用户能够为某一类型创建自己的名字。

格式：typedef 原类型名 新类型名；

说明：

（1）通过 typedef 我们可以为经常出现的数据类型取一个方便的、可识别的名称。

如前面经常出现的结构体类型名"struct stu_ score"，因为比较长，使用起来不太方便，我们就可以通过 typedef 给它取一个简单方便的名称：

typedef struct stu_ score STU;

现在 STU 就是我们的新类型名，我们可以用它去定义结构体变量了，如：

STU stu;

STU * p;

等价于：

```
struct stu_ score stu;
struct stu_ score * p;
```

（2）使用 typedef 也有助于增加程序的可移植性。

例如，一些高级语言整型的类型说明符为 INTEGER，我们就可以使用 typedef 改变 C 语言中整型数据的类型名：

```
typedef int INTEGER;
```

现在 INTEGER 的用法就等价于 int，可以用它去定义新的整型变量。

（3）typedef 只是给已有的数据类型取个"别名"而已，并不能创建新的数据类型。

（4）在某些方面它与#define 有些相似之处，如"9.4.1 链表"的基本操作部分，有如下定义：

```
#define NODE struct stu_ score
```

在后面源程序代码中，就可以用"NODE"去替代"struct stu_ score"，比较方便且容易识别。这点与 typedef 比较相似。但它们有三个不同之处：

①与#define 不同，typedef 给出的符号名称仅限于对数据类型，而不是对值。

②typedef 的解释由编译器，而不是预处理器执行。

③typedef 比#define 更灵活。

小结

1. 结构体是由不同类型的数据构造成的，每一个成员可以是我们之前讲到的任一种数据类型，包括结构体类型。整个结构体所占内存空间的长度是所有成员的和。

2. 结构体类型需要用户自己声明，注意声明类型和定义变量的不同。可以利用已经声明好的类型（struct 结构体名）去定义结构体变量、数组及指向结构体的指针变量。

3. 对于结构体成员的引用通常有以下三种方式：

结构体变量名 . 成员名

（*指向结构体的指针变量名）. 成员名

指向结构体的指针变量名 - > 成员名

4. 注意共用体与结构体的不同，共用体的各成员共用同一块内存空间，整个共用体所占内存的长度是其最大成员的长度。

5. 链表中的每一个结点都包括两部分：数据域和指针域，可以在需要时动态申请分配内存空间。对于链表的基本操作包括创建、输出、插入、删除等。

6. typedef 的功能是给已有数据类型取个新名字，不是创建新类型，更不是定义变量。

习题 9

1. 输入 10 名同学的信息，包括学号、姓名及三门课成绩，输出总分最高的同学的信息。

2. 编写一个程序，要求用户输入月、日、年，输出一年中到给定日子（含该天）的总天数。用结构体类型实现。

3. 设已经创建好一个链表，链表中的每个结点包含成绩和指针两个域，并且是按照成绩由高到低排列的。编写一个函数，将新申请的一个结点按照成绩顺序插入到链表中的相应位置。

4. 编写一个程序输入月份 1~12，输出该月的英文缩写。用枚举实现。

项目十 成绩单的保存与打印
——文件

● **教学目标**

➢ 了解文件和文件指针的概念；

➢ 掌握使用文件操作函数实现对文件打开、关闭、读、写等操作。

➢ 学会对数据文件进行简单的操作。

10.1 项目描述

输入一个班 30 名同学的学号、姓名、三门课的成绩，计算出总分，按总分由高到低排序并把结果保存到指定文件（d：\ user \ score. dat）里。

运行结果（为方便程序调试，我们以 3 名同学为例）：

请输入 3 个同学的学号、姓名、三门课的成绩：

201801 张明 88 75 90

201802 李强 79 82 85

201803 郭刚 92 70 86

程序运行成功后，在磁盘文件"d：\ user \ score. dat"中就存在以上输入的数据了。

10.2 相关知识

在前面章节中我们所处理的数据的输入/输出，都是以终端为对象的，即从终端键盘输入数据，运行结果输出到终端显示器上。这样每次运行程序时都要重复输入数据，程序运行的结果或产生的中间数据无法保存，显得很不方便。实际上，我们往往希望将一些数据长期保存起来，以便程序能在较长时间内持续使用。计算机中长期保存的数据，都是以文件的形式保存的。

C 语言提供了文件的概念及相关机制来保存输入/输出数据，在此基础上，ANSI C 标准定义了一系列文件操作函数以方便用户使用，这些函数存放在系统的标准函数库中，使用时包含头文件 stdio. h 即可。

10.2.1 文件概述

1. 文件的概念

所谓"文件"是指存储在计算机外部介质上的一组相关数据的有序集合。这个数据集有一个名称,叫做文件名。操作系统是以文件为单位对数据进行管理的,即如果想要使用存放在外部存储介质上的数据,必须先按文件名找到文件,再从文件中读取数据。如果要在外部存储介质上存储数据,必须先建立一个文件。实际上在前面的各章中我们已经多次使用了文件,例如源程序文件、目标文件、可执行文件、库文件(头文件)等。

2. 文件名

一个文件要有一个唯一的标识,便于用户识别和引用。文件标识包括 3 部分:

(1) 文件路径;

(2) 文件名主干;

(3) 文件名后缀。

例如:

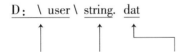

D: \ user \ string. dat

文件路径　文件名主干　文件名后缀

表示在 D 盘的 user 目录中有一个文件 string. dat。

说明:

(1) 通常将文件标识称为文件名,但要注意,此时我们所称的文件名,是包括以上三部分内容的,而不仅是文件名主干。

(2) 文件名主干命名规则遵循标识符的命名规则。

(3) 文件名后缀表示文件的性质,一般不超过 3 个字母。例如 doc(Word 文件), txt(文本文件), dat(数据文件), c(C 语言原程序文件), cpp(C++源程序文件), obj(目标文件), exe(可执行文件)等。

3. 文件的分类

从不同的角度可对文件作不同的分类。在程序设计中,主要有两种文件:

(1) 程序文件。主要包括源程序文件(扩展名为 .c)、目标文件(扩展名为 .obj)、可执行文件(扩展名为 .exe)等。这类文件的内容是程序代码。

(2) 数据文件。这类文件的内容不是程序,而是程序运行时读写的数据。如程序运行过程中需要输入或输出的数据。

本节主要讨论数据文件。

一个数据在磁盘上是怎样存储的呢? 字符一律以 ASCII 码形式存储, 数值型数据既可以用 ASCII 码形式存储, 又可以用二进制形式存储。因此, 按数据的存储格式, 数据文件可分为 ASCII 码文件和二进制码文件两种。

(1) ASCII 码文件。也称为文本文件, 这种文件在磁盘中存放时是把每一位数据和符号转换成字符, 以 ASCII 码形式存储。ASCII 码文件的每一个字节对应一个字符。

例如, 要存放整数 1234, 用 ASCII 码文件 (文本文件) 存放时, 需要存储 1、2、3、4 这四个字符的 ASCII 值, 共占用 4 个字节。其存储形式如图 10 - 1 所示。

要存储的数据	1234			
数据在内存中的存储形式		00000111	11110100	00010010
ASCII 码文件对应存储单元内容	00110001	00110010	00110011	00110100

图 10 - 1 文本文件在磁盘中存放数据 1234 示意图

(2) 二进制文件。是直接按数据在内存中的存储形式, 即二进制编码方式原样存放到文件的。

例如, 要存放整数 1234, 用二进制文件存放时, 需要存储整数 1234 的二进制值 011111110100000010010, 和在内存中的存储完全一致, 占 3 个字节。其存储形式如图 10 - 2 所示。

要存储的数据	1234		
数据在内存中的存储形式	00000111	11110100	00010010
二进制文件对应存储单元内容	00000111	11110100	00010010

图 10 - 2 二进制文件在磁盘中存放数据 1234 示意图

使用文本文件存储数据, 一个字节代表一个字符, 便于对字符逐个处理, 可在屏幕上按字符显示, 例如 C 语言的源程序文件就是 ASCII 文件, 用 DOS 命令 TYPE 可显示文件的内容。由于是按字符显示, 因此能读懂文件内容。但是占用较多的存储空间, 并且需要花费时间进行 ASCII 码与二进制数据间的转换。

使用二进制文件存储数据, 则文件中直接存储数据的二进制值, 这与内存中数据的存储形式完全一致, 这样就克服了 ASCII 码文件的缺点, 节省存储空间和转换时间。但是一个字节并不对应一个字符, 虽然也可在屏幕上显示, 但不能直接输出字符形式, 不够直观, 其内容无法读懂。

因此, 一般把中间数据用二进制文件保存, 输入输出数据用 ASCII 文件保存。

数据的输入/输出是数据传送的过程，数据如流水一样从一处流向另一处，因此，常将输入输出形象地称为流（stream），即数据流。

无论是文本文件还是二进制文件，C语言都将其看作是一个数据流，即文件是由一串连续的、无间隔的字符数据顺序构成，处理数据时不考虑文件的性质、类型和格式，只是以字节为单位对数据进行存取操作。输入输出字符流的开始和结束只由程序控制而不受物理符号（如回车符）的控制，增加了处理的灵活性。因此也把这种文件称作"流式文件"。

本章讨论流式文件的打开、关闭、读、写、定位等各种操作。

4. 文件类型指针

在C语言中，每一个被使用的文件都在内存中开辟一个存储区，用来存放文件的相关信息，包括文件名、状态及当前位置等。这些信息保存在一个结构体变量中，该结构体类型由系统定义，取名为FILE，结构如下：

```
typedef struct
{
    short level;                  //缓冲区使用量
    unsigned flags;               //文件状态标志
    char fd;                      //文件号
    short bsize;                  //缓冲区大小
    unsigned char * buffer;       //缓冲区指针
    unsigned char * curp;         //当前活动指针
    unsigned char hold;           //无缓冲区取消字符输入
    unsigned istemp;              //草稿文件标识
    short token;                  //进行正确性检验
} FILE;
```

有了FILE类型后，通过定义指向FILE类型的文件指针就可对它所指的文件进行各种操作。在编写源程序时不必关心FILE结构的细节。注意，FILE类型是在头文件stdio.h中定义的，所以要对文件操作，需要包含该头文件。

定义说明文件指针的一般形式为：

FILE *指针变量标识符；

注意，FILE必须大写。

例如：

FILE *fp；

表示fp是指向FILE结构的指针变量，通过fp即可找存放某个文件信息的结构变量，然后按结构变量提供的信息找到该文件，实施对文件的操作。习惯上也笼统地把fp称为指向一个文件的指针。

如果有 n 个文件，一般应定义 n 个文件指针变量，分别指向 n 个文件。例如：

FILE ＊fp1，＊fp2，＊fp3；

表示定义了 3 个文件指针变量 fp1，fp2，fp3，是它们分别指向 3 个不同的文件。

10.2.2　文件的打开与关闭

对文件进行操作之前要先打开，使用完毕要关闭。一般步骤为：

（1）打开一个文件；

（2）对文件进行操作；

（3）关闭该文件。

所谓打开文件，实际上是建立文件的各种有关信息，并使文件指针指向该文件，以便进行其他操作。关闭文件则断开指针与文件之间的联系，也就禁止再对该文件进行操作。

在 C 语言中，文件操作都是由库函数来完成的。我们先来认识主要的文件操作函数。

1. 文件的打开（fopen 函数）

fopen 函数用来打开一个文件，其调用的一般形式为：

文件指针名 = fopen（文件名，使用文件方式）；

例如：

FILE ＊fp；
fp = fopen（"file. dat"，"r"）；

其意义是在当前目录下打开文件 file. dat，只允许进行"读"操作，并使 fp 指向该文件。

又如：

FILE ＊fp1
fp1 = fopen（"d：＼＼hzk16"，"rb"）

其意义是打开 D 盘根目录下的文件 hzk16，这是一个二进制文件，只允许按二进制方式进行读操作。两个反斜线"＼＼"中的第一个表示转义字符，第二个表示根目录。

说明：

（1）"文件指针名"必须是被说明为 FILE 类型的指针变量。

（2）"文件名"是被打开文件的文件名，"文件名"是字符串常量或字符串数组。

（3）"使用文件方式"是指文件的类型和操作要求。

使用文件的方式共有 12 种，它们的符号和意义如表 10-1 所示。

表 10-1 文件的使用方式说明

文件使用方式	意　义
"rt"	只读打开一个文本文件，只允许读数据
"wt"	只写打开或建立一个文本文件，只允许写数据
"at"	追加打开一个文本文件，并在文件末尾写数据
"rb"	只读打开一个二进制文件，只允许读数据
"wb"	只写打开或建立一个二进制文件，只允许写数据
"ab"	追加打开一个二进制文件，并在文件末尾写数据
"rt +"	读写打开一个文本文件，允许读和写
"wt +"	读写打开或建立一个文本文件，允许读写
"at +"	读写打开一个文本文件，允许读，或在文件末追加数据
"rb +"	读写打开一个二进制文件，允许读和写
"wb +"	读写打开或建立一个二进制文件，允许读和写
"ab +"	读写打开一个二进制文件，允许读，或在文件末追加数据

对于文件使用方式有以下几点说明：

（1）文件使用方式由"r"，"w"，"a"，"t"，"b"，"+"共六个字符组合而成，各字符的含义是：

r（read）：读。

w（write）：写。

a（append）：追加。

t（text）：文本文件，可省略不写。

b（banary）：二进制文件。

+（加号）：读和写。

（2）当用"r"打开一个文件时，该文件必须已经存在，且只能进行从该文件读出操作。

（3）当用"w"打开一个文件时，只能向该文件写入。若该文件不存在，则以指定的文件名建立文件；若打开的文件已经存在，则将该文件删去，重建一个新文件。

（4）若要向一个已存在的文件追加新的信息，只能用"a"方式打开文件。但此时该文件必须是存在的，否则将会出错。

（5）在打开一个文件时，如果出错，fope（ ）将返回一个空指针值 NULL。在程序中可以用这一信息来判别是否完成打开文件的工作，并作相应的处理。因此常用以下程序段打开文件：

```
if((fp = fopen（"d：\ \ hzk16"，"rb"）== NULL)
{
    printf(" \ nerror on open d：\ \ hzk16 file!");
    getch（）;
    exit（1）;
}
```

这段程序的含义是，如果打开 D 盘根目录下的 hzk16 文件时返回的指针为空，表示不能打开该文件，并输出提示信息 "error on open d：\ hzk16 file!"，下一行 getch（ ）的功能是从键盘输入一个字符，但不在屏幕上显示。在这里，该行的作用是等待，只有当用户从键盘敲任一键时，程序才继续执行，因此用户可利用这个等待时间阅读出错提示。敲键后执行 exit（1）退出程序。

（6）当把一个文本文件读入内存时，要将 ASCII 码转换成二进制码，而把文件以文本方式写入磁盘时，也要把二进制码转换成 ASCII 码。因此文本文件的读写要花费较多的转换时间。而二进制文件的读写不需要这种转换。

（7）标准输入文件（键盘），标准输出文件（显示器），标准出错输出（出错信息）是由系统打开的，可直接使用。

2. 文件的关闭（fclose 函数）

文件一旦使用完毕，应该用关闭文件函数把文件关闭，以避免文件的数据丢失等错误。

文件关闭函数调用的一般形式是：

fclose（文件指针）;

例如：

fclose（fp）;

正常完成关闭文件操作时，fclose 函数返回值为 0。如返回非零值则表示有错误发生。

10.2.3 文件的读写

对文件的读和写是最常用的文件操作。在 C 语言中提供了多种文件读写的函数，常用的有：

（1）单字符读写函数：fgetc（ ）和 fputc（ ）。
（2）数据块读写函数：fread（ ）和 fwrite（ ）。

使用以上函数都要求包含头文件 stdio. h。下面分别予以介绍。

1. 读字符函数 fgetc（）

单字符读函数是以单个字符（字节）为单位的读函数。每次可从文件读出一个字符。

fgetc 函数的功能是从指定的文件中读一个字符，函数调用的形式为：

字符变量 = fgetc（文件指针）；

例如：

ch = fgetc（fp）；

其意义是从打开的文件 fp 中读取一个字符并送入 ch 中。

对于 fgetc 函数的使用有以下几点说明：

（1）在 fgetc 函数调用中，读取的文件必须是以读或读写方式打开的。

（2）读取字符的结果也可以不向字符变量赋值，

例如：

fgetc（fp）；

但是读出的字符不能保存。

（3）在文件内部有一个位置指针。用来指向文件的当前读写字节。在文件打开时，该指针总是指向文件的第一个字节。使用 fgetc 函数后，该位置指针将向后移动一个字节。因此可连续多次使用 fgetc 函数，读取多个字符。应注意文件指针和文件内部的位置指针不是一回事。文件指针是指向整个文件的，须在程序中定义说明，只要不重新赋值，文件指针的值是不变的。文件内部的位置指针用以指示文件内部的当前读写位置，每读写一次，该指针均向后移动，它不需在程序中定义说明，而是由系统自动设置的。

2. 写字符函数 fputc

写字符函数 fputc（）是以字符（字节）为单位的写函数。每次可向文件写入一个字符。

fputc 函数的功能是把一个字符写入指定的文件中，函数调用的形式为：

fputc（字符量，文件指针）；

其中，待写入的字符量可以是字符常量或变量，例如：

fputc（'a'，fp）；

其意义是把字符 a 写入 fp 所指向的文件中。

对于 fputc 函数的使用也要说明几点：

（1）被写入的文件可以用写、读写、追加方式打开，用写或读写方式打开一个已存在的文件时将清除原有的文件内容，写入字符从文件首开始。如需保留原有文件内容，希望写入的字符以文件末开始存放，必须以追加方式打开文件。被写入的文件若不存在，则创建该文件。

（2）每写入一个字符，文件内部位置指针向后移动一个字节。

（3）fputc 函数有一个返回值，如写入成功则返回写入的字符，否则返回一个 EOF。可用此来判断写入是否成功。

【例 10.1】从键盘输入一行字符，写入一个文本文件，再把该文件内容读出显示在屏幕上。

```c
#include < stdio. h >
#include < stdlib. h >
#include < conio. h >
int main ( )
{
    FILE  * fp;
    char ch;
    if( ( fp = fopen ( "d: \ \ user \ \ string1. txt" ,"w + " ) ) = = NULL)
    {
        printf( "Cannot open file strike any key exit!" );
        getch ( );
        exit (1);
    }
    printf( "input a string: \ n" );
    ch = getchar ( );
    while ( ch! = ' \ n' )
    {
        fputc ( ch, fp);
        ch = getchar ( );
    }
    rewind ( fp);
    ch = fgetc ( fp);
    while ( ch! = EOF)
    {
        putchar ( ch);
        ch = fgetc ( fp);
    }
    printf( " \ n" );
    fclose ( fp);
    return 0;
}
```

运行结果：

```
input a string：
I like C program.
I like C program.
```

同时，在 d：\ user \ string1 文件中存储了输入的一行字符"I like C program."。

本例程序的功能是向文件中写入一行字符，然后逐个读取字符，在屏幕上显示。程序定义了文件指针 fp，第 8 行以读写文本文件方式打开文件 string1，并使 fp 指向该文件。如打开文件出错，给出提示并退出程序。程序中程序第 15 行从键盘读入一个字符后进入循环，当读入字符不为回车符时，则把该字符写入文件之中，然后继续从键盘读入下一字符。每输入一个字符，文件内部位置指针向后移动一个字节。写入完毕，该指针已指向文件末。如要把文件从头读出，须把指针移向文件头，程序第 21 行 rewind 函数用于把 fp 所指文件的内部位置指针移到文件头。第 22 至 27 行用于读出文件中的一行内容。

【例 10.2】把命令行参数中的前一个文件名标识的文件，复制到后一个文件名标识的文件中，如果命令行中只有一个文件名则把该文件写到标准输出文件（显示器）中。

```c
#include < stdio. h >
#include < conio. h >
#include < stdlib. h >
int main （int argc，char ＊argv ［ ］）
{
    FILE ＊fp1，＊fp2；
    char ch；
    if( argc ＝＝1)
    {
        printf("have not enter file name strike any key exit")；
        getch （ )；
        exit （0)；
    }
    if( ( fp1 ＝fopen （argv ［1］,"rt"))＝＝NULL)
    {
        printf("Cannot open ％s \ n"，argv ［1］)；
        getch （ )；
        exit （1)；
    }
    if( argc ＝＝2) fp2 ＝stdout；
    else if( ( fp2 ＝fopen （argv ［2］,"w＋"))＝＝NULL)
    {
```

```
        printf("Cannot open % s \ n", argv [1]);
        getch ( );
        exit (1);
    }
    while ((ch = fgetc (fp1))! = EOF)
        fputc (ch, fp2);
    fclose (fp1);
    fclose (fp2);
    return 0;
}
```

若此程序命名为 text. c，在命令窗口输入以下命令：

test a. txt b. txt ↙

本程序为带参的 main 函数。程序中定义了两个文件指针 fp1 和 fp2，分别指向命令行参数中给出的文件 a. txt 和 b. txt。程序用 while 循环语句逐个读出 a. txt 中的字符再送到 b. txt 中。如命令行参数中没有给出文件名，则给出提示信息 "have not enter file name strike any key exit"。如果命令行参数只给出一个文件名 a. txt，则使 fp2 指向标准输出文件（即显示器），在显示器上显示文件内容。

3. 数据块读写函数 fread ( ) 和 fwtrite ( )

C 语言还提供了用于整块数据的读写函数。可用来读写一组数据，如一个数组元素，一个结构变量的值等。

读数据块函数调用的一般形式为：

fread (buffer, size, count, fp);

写数据块函数调用的一般形式为：

fwrite (buffer, size, count, fp);

其中：

buffer 是一个指针，在 fread 函数中，它表示存放输入数据的首地址。在 fwrite 函数中，它表示存放输出数据的首地址。

size　　　表示数据块的字节数。

count　　表示要读写的数据块块数。

fp　　　　表示文件指针。

例如：

fread (fa, 4, 5, fp);

其意义是从 fp 所指的文件中，每次读 4 个字节（一个实数）送入实数组 fa 中，连续读 5 次，即读 5 个实数到 fa 中。

【例 10.3】从键盘输入两个学生数据，包括姓名、学号、年龄、住址，写入到 d：\ user \ string2. dat 文件中，再读出这两个学生的数据显示在屏幕上。

```
#include < stdio. h >
#include < stdlib. h >
#include < conio. h >
struct stu
{
    char name [10];
    int num;
    int age;
    char addr [15];
} boya [2], boyb [2], * pp, * qq;
int main ( )
{
    FILE * fp;
    char ch;
    int i;
    pp = boya;
    qq = boyb;
    if( ( fp = fopen ( "d：\ \ user \ \ string2. dat" ,"wb + " ) ) = = NULL)
    {
        printf( "Cannot open file strike any key exit!" );
        getch ( );
        exit (1);
    }
    printf( " \ ninput name, number, age, address \ n" );
    for ( i = 0; i < 2; i + + , pp + + )
        scanf( "% s% d% d% s" , pp - > name, &pp - > num, &pp - > age, pp - > addr);
    pp = boya;
    fwrite ( pp, sizeof( struct stu), 2, fp);
    rewind ( fp);
    fread ( qq, sizeof( struct stu), 2, fp);
    printf( " \ n\ nname \ tnumber \ tage \ taddr \ n" );
    for ( i = 0; i < 2; i + + , qq + + )
        printf( "% s \ t% d \ t% d \ t% s \ n", qq - > name, qq - > num, qq - > age, qq
- > addr);
    fclose ( fp);
    return 0;
}
```

运行结果：

```
input name, number, age, address:
王小明 201801 20 山东寿光
张兰 201802 21 山东济南


name      number    age       addr
王小明    201801    20       山东寿光
 张兰     201802    21       山东济南
```

同时，在 d：\ user 下有一个文件 string2. dat，文件中存储了输入的两个学生信息。

本例程序定义了一个结构 stu，说明了两个结构数组 boya 和 boyb 以及两个结构指针变量 pp 和 qq。pp 指向 boya，qq 指向 boyb。程序第 18 行以读写方式打开文件"d：\ user \ string2"，输入两个学生数据之后，写入该文件中，然后把文件内部位置指针移到文件首，读出两个学生数据后，在屏幕上显示。

10.3 项目分析与实现

输入一个班 30 名同学的学号、姓名、三门课的成绩，计算出总分，按总分由高到低排序并把结果保存到指定文件（d：\ user \ score. dat）里。

10.3.1 算法分析

（1）输入每个人的各门课程的成绩，计算每人的总分；
（2）按总分由高到低排序；
（3）把排好序的每个学生的学号、姓名和各科成绩写入指定文件中；
（4）基本要求：学生的学号、姓名和各科考试成绩必须通过键盘输入；
（5）算法提示：可以用选择排序、冒泡排序等多种排序算法求解。

10.3.2 项目实现

源代码：

```
/* 成绩单的保存与打印 */
#include < stdio. h >
#include < stdlib. h >
```

```
#define N 30
struct student
    {
        int num;
        char name [20];
        float score [4];
    };
int main ( )
{
    struct student stu [N], temp;
    int i, j;
    float sum;
    FILE * fp;
    if((fp = fopen ("d: \ \ user \ \ score. dat","wb")) == NULL)    //打开文件
    {
        printf("Can not open this file. \ n");
        exit (0);
    }
    printf("请输入%d个同学的学号、姓名、三门课的成绩: \ n", N);
    for (i = 0; i < N; i++)    //输入每个同学的学号、姓名、三门课的成绩，并计算
出总分
    {
        sum = 0;
        scanf("%d%s", &stu [i]. num, stu [i]. name);
        for (j = 0; j < 3; j++)
        {
            scanf("%f", &stu [i]. score [j]);
            sum + = stu [i]. score [j];
        }
        stu [i]. score [j] = sum;
    }
    for (i = 1; i < N; i++)        //按照总分由高到低排序
        for (j = 0; j < N - i; j++)
            if(stu [j]. score [3]  > stu [j + 1]. score [3])
            {
                temp = stu [j];
                stu [j] = stu [j + 1];
                stu [j + 1] = temp;
            }
```

```
    for (i=0; i<N; i++)          //将学生信息逐条写入文件
        if(fwrite (stu+i, sizeof(struct student), 1, fp)!=1)
        {
            printf("file write error \ n");
            break;
        }
    fclose (fp);
    return 0;
}
```

运行结果：

为方便程序调试，我们将程序中的语句

#define N 30

改为

#define N 3

```
请输入 3 个同学的学号、姓名、三门课的成绩：
201801 张明 80 86 95
201802 李强 78 86 89
201803 郭小刚 85 88 79
```

程序运行结果只是从键盘输入数据，但是并没有输出任何信息，只是把输入的数据送到磁盘文件上。为了验证在磁盘文件"d：\ user \ score. dat"中是否已存在输入的数据，可以用以下程序从磁盘文件中读入数据，然后在屏幕上输出显示。

```
#include < stdio. h >
#include < stdlib. h >
#define N 30
struct student
    {
        int num;
        char name [20];
        float score [4];
    };
int main ( )
{
    struct student stu [N];
    int i, j;
```

```
FILE  * fp;
if( ( fp = fopen  ("d: \ \ user \ \ score. dat" ,"rb" ) ) = = NULL)      //打开文件
{
    printf("Can not open this file. \ n" );
    exit  (0) ;
}
printf(" \ n \ nnumber \ tname \ tscore1 \ tscore2 \ tscore3 \ ttotal \ n" );
for  (i = 0 ; i < N; i + + )        //将学生信息从文件读出
{
    fread  (&stu [i], sizeof(struct student), 1, fp);
    printf("%d \ t%s \ t", stu [i]. num, stu [i].  name);
    for  (j = 0 ; j < 4 ; j + + )
        printf("%10. 2f", stu [i].  score [j]);
    printf(" \ n" );
}
fclose  (fp) ;
return 0;
}
```

运行结果：

number	name	score1	score2	score3	total
201803	郭小刚	85. 00	88. 00	79. 00	252. 00
201802	李强	78. 00	86. 00	89. 00	253. 00
201801	张明	80. 00	86. 00	95. 00	261. 00

分析总结：

（1）C 系统把文件当作一个"流"，按字节进行处理。

（2）C 文件按编码方式分为二进制文件和 ASCII 文件。

（3）C 语言中，用文件指针标识文件，当一个文件被打开时，可取得该文件指针。

（4）文件在读写之前必须打开，读写结束必须关闭。

（5）文件可按只读、只写、读写、追加四种操作方式打开，同时还必须指定文件的类型是二进制文件还是文本文件。

（6）文件可按字节、字符串、数据块为单位读写，文件也可按指定的格式进行读写。

（7）文件内部的位置指针可指示当前的读写位置，移动该指针可以对文件实现随机读写。

10.4　知识拓展

10.4.1　文件知识扩展

1. 广义上的文件

从广义上说，C 语言中，无论输入输出的数据来源和去向是终端设备还是存储在外存上的磁盘文件，都被抽象成一个统一的概念，即文件。因此，C 语言的文件是一个逻辑概念，它涉及的对象很广，除了前面使用过的程序文件、数据文件等磁盘文件外，凡是能进行输入/输出的终端设备都称为文件。

2. 文件的其他分类

从用户的角度看，文件可分为普通文件和设备文件两种。

普通文件是指存储在磁盘或其他外部介质上的一个有序数据集。前面学习的程序文件和数据文件都是普通文件。

设备文件是指与主机相连的各种外部设备，如显示器、键盘、打印机等。从操作系统的角度看，每一个与主机相连的输入 \ 输出设备都看作一个文件来进行管理，把它们的输入、输出等同于对磁盘文件的读和写。

终端设备文件有 3 个特殊文件：

（1）标准输入文件 stdin；

（2）标准输出文件 stdout；

（3）标准出错信息输出文件 stderr。

通常把显示器定义为标准输出文件，一般情况下在屏幕上显示有关信息就是向标准输出文件输出。如前面经常使用的 printf, putchar 函数就是这类输出。

键盘通常被指定标准的输入文件，从键盘上输入就意味着从标准输入文件上输入数据。scanf, getchar 函数就属于这类输入。

通常，这 3 个文件都与终端相联系。每个用户程序运行时，系统自动维护这 3 个标准文件，它们都是自动设置并打开的，因此，以前我们所用到的从终端输入或输出都不需要打开终端文件。系统自动定义了 3 个文件指针 stdin、stdout、stderr。默认情况下，这 3 个文件的初始设置分别对应着计算的终端键盘和显示器屏幕。

3. 文件缓冲区

ANSI C 标准采用"缓冲文件系统"处理数据文件。所谓缓冲文件系统是指系统自动地在内存中为程序中的每一个正在使用的文件开辟一个存储区域，即文件缓冲区。

当从内存向磁盘输出数据时必须先送到内存的输出文件缓冲区，装满缓冲区后才一起写到磁盘中。当从磁盘向计算机内存读入数据时，会一次从磁盘文件将一批数据读取到内存的输入文件缓冲区（充满缓冲区），然后再从缓冲区逐个地将数据送到程序数据区，如图 10-3 所示。缓冲区的大小由各具体的 C 编译系统确定，一般为 512 字节。

对磁盘文件的读/写操作借助于缓冲区后，减少了对磁盘的读写次数，提高了程序的运行速度。

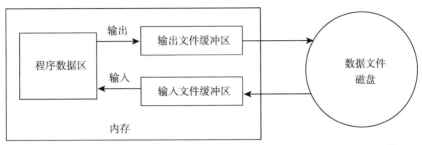

图 10-3 缓冲区与文件的读写

10.4.2 文件的其他读写函数

1. 字符串读写函数 fgets（） 和 fputs（）

（1）读字符串函数 fgets（）

函数的功能是从指定的文件中读一个字符串到字符数组中，函数调用的形式为：

fgets（字符数组名，n，文件指针）；

其中的 n 是一个正整数。表示从文件中读出的字符串不超过 n-1 个字符。在读入的最后一个字符后加上串结束标志'\0'。

例如：

fgets（str，n，fp）；

的意义是从 fp 所指的文件中读出 n-1 个字符送入字符数组 str 中。

【例 10.4】从例题 10.1 中建立的 d：\user\string1. txt 文件中读入一个含 10 个字符的字符串。

```
#include < stdio. h >
#include < stdlib. h >
#include < conio. h >
#define N 3
int main（）
{
```

```
FILE * fp;
char str [11];
if((fp = fopen ("d: \ \ user \ \ string1. txt","rt")) == NULL)
{
    printf(" \ nCannot open file strike any key exit!");
    getch ();
    exit (1);
}
fgets (str, 11, fp);
printf(" \ n%s \ n", str);
fclose (fp);
return 0;
}
```

已知例题 10.1 中建立的文件 string1. txt 中存储的数据为：I like C program.

运行结果：

I like C p

本例定义了一个字符数组 str 共 11 个字节，在以读文本文件方式打开文件 string1 后，从中读出 10 个字符"I like C p"送入 str 数组，在数组最后一个单元内将加上' \ 0'，然后在屏幕上显示输出 str 数组。

对 fgets 函数有两点说明：

①在读出 n − 1 个字符之前，如遇到了换行符或 EOF，则读出结束。

②fgets 函数也有返回值，其返回值是字符数组的首地址。

（2）写字符串函数 fputs（ ）

fputs 函数的功能是向指定的文件写入一个字符串，其调用形式为：

fputs（字符串，文件指针）；

其中字符串可以是字符串常量，也可以是字符数组名，或指针变量，例如：

fputs（"abcd"，fp）；

其意义是把字符串 "abcd" 写入 fp 所指的文件之中。

【例 10.5】在例 10.1 中建立的文件 string1. txt 中追加一个字符串。

```
#include < stdio. h >
#include < stdlib. h >
#include < conio. h >
int main ()
{
```

```
FILE * fp;
char ch, st [20];
if((fp = fopen ("d: \ \ user \ \ string1. txt","a + ")) == NULL)
{
    printf("Cannot open file strike any key exit!");
    getch ( );
    exit (1);
}
printf("input a string: \ n");
scanf("% s", st);
fputs (st, fp);
rewind (fp);
ch = fgetc (fp);
while (ch! = EOF)
{
    putchar (ch);
    ch = fgetc (fp);
}
printf(" \ n");
fclose (fp);
return 0;
}
```

已知例题 10.1 中建立的文件 string1. txt 中存储的数据为：I like C program.
运行结果：

```
input a string:
student
I like C program. student
```

同时，string1 文件中存储的数据为：I like C program. student。

本例要求在 string1 文件末加写字符串，因此，在程序第 8 行以追加读写文本文件的方式打开文件 string1。然后输入字符串，并用 fputs 函数把该串写入文件 string1。在程序 17 行用 rewind 函数把文件内部位置指针移到文件首。再进入循环逐个显示当前文件中的全部内容。

2. 格式化读写函数 fscanf（） 和 fprinf（）

fscanf 函数和 fprintf 函数与前面使用的 scanf 和 printf 函数的功能相似，都是格式化读写函数。两者的区别在于 fscanf 函数和 fprintf 函数的读写对象不是键盘和显示器，而是磁盘文件。

这两个函数的调用格式为：

fscanf(文件指针，格式字符串，输入表列)；

fprintf(文件指针，格式字符串，输出表列)；

例如：

fscanf(fp," %d% s", &i, s)；

fprintf(fp," %d% c", j, ch)；

用 fscanf 和 fprintf 函数也可以完成例 10.3 的问题。修改后的程序如例 10.6 所示。

【例 10.6】用 fscanf 和 fprintf 函数实现例题 10.3（从键盘输入两个学生数据，包括姓名、学号、年龄、住址，写入到 d：\ user\ string3. dat 文件中，再读出这两个学生的数据显示在屏幕上）。

```
#include < stdio. h >
#include < stdlib. h >
#include < conio. h >
struct stu
{
    char name [10];
    int num;
    int age;
    char addr [15];
} boya [2], boyb [2], * pp, * qq;
int main  ( )
{
    FILE  * fp;
    int i;
    pp = boya;
    qq = boyb;
    if( ( fp = fopen  ("d：\ \ user\ \ string3. dat" ," wb + " ) ) = = NULL)
    {
        printf(" Cannot open file strike any key exit!" );
        getch  ( );
        exit  (1);
    }
    printf(" \ ninput name, number, age, addr： \ n" );
    for  ( i = 0；i < 2；i + + , pp + + )
        scanf(" %s% d% d% s", pp - > name, &pp - > num, &pp - > age, pp - > addr);
    pp = boya;
    for  ( i = 0；i < 2；i + + , pp + + )
```

```
    fprintf(fp,"%s %d %d %s \ n", pp - >name, pp - >num, pp - >age, pp -
>addr);
    rewind （fp）;
    for （i = 0; i < 2; i ++, qq ++）
      fscanf(fp,"%s %d %d %s \ n", qq - >name, &qq - >num, &qq - >age, qq
- >addr);
    printf(" \ n \ nname \ tnumber \ tage \ taddr \ n");
    qq = boyb;
    for （i = 0; i < 2; i ++, qq ++）
      printf("%s \ t%d \ t%d \ t%s \ n", qq - >name, qq - >num, qq - >age, qq
- >addr);
    fclose （fp）;
    return 0;
}
```

运行结果：

```
input name, number, age, addr:
张明 201801 19 寿光
李丽 201802 20 潍坊


name   number   age   addr
张明    201801    19    寿光
李丽    201802    20    潍坊
```

与例10.3相比，本程序中 fscanf 和 fprintf 函数每次只能读写一个结构数组元素，因此采用了循环语句来读写全部数组元素。还要注意指针变量 pp，qq 由于循环改变了它们的值，因此在程序的 26 和 33 行分别对它们重新赋予了数组的首地址。

10.4.3 随机读写数据文件

前面介绍的对文件的读写方式都是顺序读写，即读写文件只能从文件头开始，顺序读写到文件尾。但在实际问题中常要求只读写文件中某一指定的部分。为了解决这个问题，可以移动文件内部的位置指针到需要读写的位置，再进行读写，这种读写称为随机读写。

实现随机读写的关键是要按要求移动位置指针，这称为文件的定位。

1. 文件位置标记

为了对文件读写进行控制，系统为每个文件设置了一个文件读写位置标记，简称文件位置标记，用来指示要读写的下一个字符的位置。

2. 文件定位

移动文件内部位置指针的函数主要有两个，即 rewind 函数和 fseek 函数。rewind 函数前面已多次使用过，其调用形式为：

rewind（文件指针）；

它的功能是把文件内部的位置指针移到文件首。

下面主要介绍 fseek 函数。

fseek 函数用来移动文件内部位置指针，其调用形式为：

fseek（文件指针，位移量，起始点）；

其中：

"文件指针"指向被移动的文件。

"位移量"表示移动的字节数，要求位移量是 long 型数据，以便在文件长度大于 64KB 时不会出错。当用常量表示位移量时，要求加后缀"L"。

"起始点"表示从何处开始计算位移量，规定的起始点有三种：文件首，当前位置和文件尾。

其表示方法如表 10－2。

表 10－2

起始点	表示符号	数字表示
文件首	SEEK_SET	0
当前位置	SEEK_CUR	1
文件末尾	SEEK_END	2

例如：

fseek（fp，100L，0）；

其意义是把位置指针移到离文件首 100 个字节处。

还要说明的是 fseek 函数一般用于二进制文件。在文本文件中由于要进行转换，故往往计算的位置会出现错误。

3. 文件的随机读写

在移动位置指针之后，即可用前面介绍的任一种读写函数进行读写。由于一般是读写一个数据块，因此常用 fread 和 fwrite 函数。

下面用例题来说明文件的随机读写。

【例 10.7】从例题 10.6 中建立的学生文件 d：\ user \ string3. dat 中读出第二个学生的数据。

```
#include < stdio. h >
#include < stdlib. h >
#include < conio. h >
struct stu
{
    char name [10];
    int num;
    int age;
    char addr [15];
} boy, * qq;
int main ( )
{
    FILE * fp;
    int i = 1;
    qq = &boy;
    if( ( fp = fopen ("d: \ \ user \ \ string3. dat" ,"rb +" ) ) = = NULL)
    {
        printf("Cannot open file strike any key exit!");
        getch ( );
        exit (1);
    }
    rewind (fp);
    fseek (fp, i * sizeof( struct stu), 0);
    fread (qq, sizeof( struct stu), 1, fp);
    printf(" \ n \ nname \ tnumber \ tage \ taddr \ n");
    printf("% s \ t% d \ t% d \ t% s \ n", qq - > name, qq - > num, qq - > age, qq - > addr);
    return 0;
}
```

运行结果：

name	number	age	addr
李丽	201802	20	潍坊

　　文件 string3. dat 已由例 10. 6 的程序建立，本程序用随机读出的方法读出第二个学生的数据。程序中定义 boy 为 stu 类型变量，qq 为指向 boy 的指针。以读二进制文件方式打开文件，程序第 22 行移动文件位置指针。其中的 i 值为 1，表示从文件头开始，移动一个 stu 类型的长度，然后再读出的数据即为第二个学生的数据。

10.4.4 文件读写的出错检测

大多数标准 I/O 函数并不具有明确的出错信息返回值。为此，C 语言提供了专门函数来检测 I/O 调用中的错误。常用的文件检测函数有以下几个。

1. 文件结束检测函数 feof（）

调用格式：

feof(文件指针)；

功能：判断文件是否处于文件结束位置，如文件结束，则返回值为 1，否则为 0。

2. 读写文件出错检测函数 ferror（）

调用格式：

ferror（文件指针）；

功能：检查文件在用各种输入输出函数进行读写时是否出错。如 ferror 返回值为 0 表示未出错，否则表示有错。

3. 文件出错标志和文件结束标志置 0 函数 clearerr（）

调用格式：

clearerr（文件指针）；

功能：本函数用于清除出错标志和文件结束标志，使它们为 0 值。

小结

C 语言中的文件是一个逻辑概念，根据数据组织形式的不同，通常把 C 语言中的文件分为两类：文本文件和二进制文件。

C 语言中对文件的使用遵循"先打开，后使用"的原则。C 语言提供了一系列标准函数来完成文件的打开、读/写和关闭操作。

利用 C 语言中的文件功能可以方便对用户的批量数据进行存储管理，从而提高数据输入/输出的处理效率。

习题 10

1. 有两个磁盘文件，各自存放一些字符，要求两个文件合并，用 c 语言实现。

2. 从键盘上输入一个字符串，字符串以"#"号结束，将其中的小写字母改成大写字母，然后输出到一个磁盘文件。

3. 从键盘输入若干行字符（每行长度不同），输入后把它们存储到一个磁盘文件中，再从该文件中读入这些数据，将其中的小写字母转换为大写字母后在显示屏上输出。

项目十一　学生成绩管理系统
——综合实训

11.1　系统设计要求

在进行具体的程序设计之前，先对本系统所要实现的功能进行分析，在此基础上再进行总体设计和详细设计。

对于本系统所要实现的功能，可以从以下几个方面来分析：

1. 新建学生信息

（1）用来重新建立学生的信息记录；

（2）若已经有记录存在，可以覆盖原记录或在原记录后面追加新记录，也可以将原有记录信息保存到另一个文件中，然后重新建立记录；

（3）给出相关的提示信息；

（4）及时更新存储标志。

2. 存储学生信息

（1）可以将记录存储到指定文件名的文件中或存储到默认文件名的文件中；

（2）将存储记录的文件进行存盘，并能根据文件保存是否成功而返回合适的值，以标志文件保存成功或失败；

（3）如果写同名文件将替换原来文件的内容。

3. 读取学生信息

（1）可以按默认文件名或指定文件名将记录文件读入内存；

（2）能根据读取情况返回合适的值，以标志文件读取成功或失败；

（3）可以将指定或默认文件追加到现有记录之后，并能更新记录序号；

（4）及时更新存储标志。

4. 增加学生记录

（1）可在已有记录后面追加新的记录；

（2）可以随时增加新的记录，记录仅保存在结构数组中；

（3）可以将一个文件读入，追加在已有记录之后；

（4）如果已经采取文件追加的方式，在没有保存到文件之前，将继续保持文件追加状态，从而实现文件的连续追加；

（5）如果没有记录存在，将给出相关的提示信息。

5. 显示学生记录

（1）若没有可以显示的记录，给出相关的提示信息；

（2）可以随时显示内存中的记录；

（3）能够显示表头。

6. 删除学生记录

（1）可以按不同的方式将记录删除，比如，可以按"学号"、"姓名"等删除记录，但在彻底删除记录前应允许用户有后悔的机会；

（2）如果已经是空表，删除时应给出提示信息并返回主菜单；

（3）如果没有要删除的信息，给出相关提示；

（4）删除操作仅限于内存，只有执行存记录时，才能覆盖原有记录；

（5）删除记录后应更新其他记录的序号；

（6）更新存储标志。

7. 修改学生记录

（1）可以按"学号"、"姓名"等方式修改记录内容，在进行修改之前应先进行确认；

（2）如果是空表，修改时应给出提示信息并返回主菜单；

（3）如果没有找到要修改的信息，给出相关提示；

（4）修改记录后应更新记录的序号；

（5）更新存储标志。

8. 查询学生记录

（1）可以按"学号"、"姓名"等方式对学生记录进行查询；

（2）能给出查询记录的信息；

（3）如果查询的信息不存在，则给出相关提示信息。

9. 学生记录排序

（1）可以按"学号"进行升序或降序排列；

（2）可以按"姓名"进行升序或降序排列；

（3）如果属于选择错误，则立即退出排序；

（4）更新存储标志。

10. 头文件

在头文件中应有函数原型的声明、数据结构及包含文件。

11.2　系统设计及系统实现

11.2.1　系统设计

本系统的模块设计要求是：

（1）要求用多文件方式实现设计，以避免因文件过大而带来诸多不便；

（2）要求在各文件内实现结构化设计；

（3）每个模块作为一个单独的 C 文件；

（4）宏和数据结构等均放在头文件中。

本系统由 5 个源程序文件和一个头文件组成，每个 C 文件都实现特定的功能，文件组成如表 11-1 所示。

表 11-1　文件组成表

源文件	包含函数	实现功能
student. h		函数原型声明、数据结构及包含文件
student. c	main	主函数
	menu_select	选择菜单
	menu_handle	处理菜单
	newrecord	新建学生信息
	quit	结束程序运行
add_disp. c	displayrecord	显示学生信息
	addrecord	增加学生信息
	getmc	计算学生名次
qrm. c	removerecord	删除学生信息
	findrecord	查找指定记录
	queryrecord	查询学生信息
	copyrecord	复制学生信息
	modifyrecord	修改学生信息
save_load. c	saverecord	保存文件
	loadrecord	读取文件
sort. c	sortrecord	记录排序

11.2.2　系统实现

1. 头文件 student. h

本系统中，每个学生的资料可以用一个 STUDENT 类型的结构体变量保存，用指向结构体数组的指针变量 record 来保存一批学生的信息，用宏 INITIAL_SIZE 表示数组的初始大小，全局变量 stunum 表示数组中记录的学生数，arraysize 是为数组分配的空间大小，全局变量 savedtag 是信息是否已被保存的标志，当数组内容被保存至文件后，设为"已保存"状态，当数组内容被修改后，设为"未保存"状态。

　　在包含头文件时，对于系统库函数的头文件，使用 < > 的形式，表示从系统指定目录查找该头文件；对于用户自己创建的头文件，在包含时应使用 " " 的形式，表示除了系统目录外，还要从当前工作目录中查找该头文件。

　　代码如下：

```
#include  <stdio. h>
#include  <stdlib. h>
#include  <conio. h>
#include  <string. h>
#define INITIAL SI2E 500          //数组初始大小
#define SUBJECT_ NUM 5            //科目数
struct student_ info               //声明存放学生记录的结构体类型
{
    char xh [20];                 //学号
    char xm [20];                 //姓名
    char xb [2];                  //性别
    float score [SUBJECT_ NUM];   //五门课的成绩
    float sum;                    //总分
    float average;                //平均分
    int nc;                       //名次
};
typedef struct student_ info STUDENT;   //为上面的结构体类型声明一个新名字
extern int stunun;               //以下为全高变量扩展作用域"
extern STUDENT * record;
extern int savedtag;
extern int arraysize;
extern char * subject [ ];
void menu_ handle (void);        //以下为函数声明
int menu_ select (void);
void addrecord (void);
void modi fyrecord (void);
void displayrecord (void);
void queryrecord (void);
void removerecord (void);
void sortrecord (void);
int saverecord (void);
int loadrecord (void);
void newrecord (void);
void quit (void);
```

int findrecord （char ＊target，int targettype，int form）；

int getmc （float sum）；

void copyrecord （STUDENT ＊str，STUDENT ＊dest）；

2. student. c 文件

（1） 主函数

函数原型：int main （void）

功能：控制程序

参数：void

返回值：int

要求：管理菜单命令并完成初始化工作。

（2） 菜单选择函数

函数原型：int menu_select （void）

功能：接受用户选择的命令代码，返回处理不同菜单函数的整数值代码。

参数：void

返回值：int

要求：只允许选择规定键，若选择不符合规定，则要求重新输入，并返回命令代码的整数值。

分析：本函数根据用户选择的代码不同而选择不同的菜单处理函数，而且要求用户的输入应在正确的范围之内。

（3） 菜单处理函数

函数原型：void menu_handle （void）

功能：处理选择的命令菜单，转入相关的功能处理函数进行相关功能的处理。

参数：void

返回值：void

要求：根据命令代码的选择，调用相关的函数。

分析：在前面已经给出各个功能函数的实现，本函数中实际上是对前面各功能的罗列。

（4） 新建学生信息函数

函数原型：void newrecord （void）

功能：建立新的学生信息记录。

参数：void

返回值：void

要求：根据需要调用 saverecord （ ） 函数，若原来的信息没有保存，则保存原来信息，然后重新输入新信息。

分析：在实现了 saverecord（ ）函数和 addrecord（ ）函数后，本函数的实现思想及算法就比较简单了。

（5）结束程序运行函数

函数原型：void quit（void）

功能：结束程序的运行。

参数：void

返回值：void

要求：在结束程序运行之前，要决定是否对修改的记录进行存储。

分析：该函数功能比较简单，根据需要确定是否要调用 saverecord（ ）函数将记录进行存储。

student. c 文件实现代码如下：

```
#include "'student. h"11 初始化
int stunum = 0;
STUDENT * record = NULL;
int savedtag = 0;
int arraysize;
char * subject [ ] = {"数据结构","C 语言","操作系统","数据库","计算机组成原理"};
//主函数
int main ( )
{
    record = (STUDENT *) malloc (sizeof(STUDENT) * INITIAL_ SIZE);
    if( record = = NULL)
    {
        printf("分配存储空间失败！");
        exit ( -1);
    }
    arraysize = INIIAL_ SIZE;
    printf(" \ n");
    printf(" \ t 这是一个学生成绩管理系统，可以对学生成绩进行管理。\ n");
    printf(" \ t 欢迎使用该管理系统！\ n");
    printf(" \ n");
    menu _ handle ( );
    return 0;
}
//菜单选择函数
int menu_ select (void)
{
```

```
    int s;
    printf("\n");
    printf("\t0：增加学生信息。\n");
    printf("\t1：修改学生信息。\n");
    printf("\t2：显示学生信息。\n");
    printf("\t3：查询学生信息。\n");
    printf("t4＝删除学生信息。\n");
    printf("\t5：排序学生信息。\n");
    printf("\t6：保存学生信息。\n");
    printf("\t7：读取学生信息。\n");
    printf("\t8：新建学生信息。\n");
    printf("\t9：结束程序返行。\n");
        printf("\t0：请选择对应功能的数字：0-9。\n");
    scanf("%d", &s);
    if(s<0 ‖ s>9)
        printf("\n 选择错误，请重新选择！\n");
    getchar（）；//接收最后的回车符
    return s;
}
//菜单处理函数
void menu_ handle（void）
{
    for（;;）
        switch（menu_ select（））
        {
            case 0：addrecord（）;        break;
            case 1：modifyrecord（）;     break;
            case 2：displayrecord（）;    break;
            case 3：queryrecord（）;      break;
            case 4：removerecord（）;     break;
            case 5：sortrecord（）;       break;
            case 6：saverecord（）;       break; .
            case 7：loadrecord（）;       break;
            case 8：newrecord（）:        break;
            case 9：quit（）;             break;
        }
}
//新建学生信息函数
void newrecord（void）
{
        char str[5];
```

```
    if( stunum! = 0)
        if( savedtag = = 1)
        {
            printf("现在已有记录, 是否保存原有记录? (Y/N) \ n");
            gets (str);
            if( str [0]! = 'N' I [ str [0]! = 'n')
                saverecord ( );
        }
    stunum = 0;
    addrecord ( ):
        }
```

//结束程序函数

```
void quit (void)
{
    char str [5];
    if( savedtag = = 1)
    {
        printf("是否保存现有记录? (Y/N)");
        gets (str);
        if( str [0]! = 'N' I [ str [0]! = 'n')
            saverecord ( );
    }
    exit (0);
}
```

3. add_disp. c 文件

（1）显示学生信息函数

函数原型：void displayrecord （void）

功能：显示内存里的记录信息。

参数：void

返回值：void

要求：显示内容及表头并给出是否有记录及记录条数的提示信息。

分析：为了使所显示的内容清晰，应先将表头显示出来。

（2）增加学生信息函数

函数原型：void addrecord （void）

功能：增加记录。

参数：void

返回值：void

要求：将新记录追加在原记录之后，并对记录进行计数，而且能重新修改各记录中的名次。

分析：本函数用来在当前表的尾部增加新的记录，这只要将新的信息保存到 record［stunum］中即可，同时 stunum 加 1，若原来没有记录则建立新表。在增加了新的信息后，所有记录当中的名次应根据新增加记录的总分情况进行重新评定。该学生的名次是总分高于他的学生总数加 1，并且所有总分小于他的学生名次也都加 1，总分高于该学生的名次保持不变。

（3）计算学生名次函数

函数原型：int getmc（float sum）

功能：计算并返回学生的名次值。

参数：float sum：需要计算名次的学生总分。

返回值：该学生的名次。

要求：根据给定的 sum 值求出该学生的名次，并将名次值带回。

分析：名次通过比较总分得来。

add_disp. c 文件实现代码如下：

```c
#include "student. h"
//显示学生信息函数
void displayrecord（void）
{
    int i, j;
    if( stunum ==0)
    {
        printf("没有可以显示的记录!");
        return;
    }
    printf("学号\ t 姓名\ t 性别\ t");
    for（j=0; j<SUBJECT_ NUM; j++）
        printf("\ t%s", subject［j]);
    printf("总分\ t 平均分\ t 名次\ n");
    for（i=0; i<stunum; i++）
    {
        printf("%s\ t%s\ t%s", record［i]. xh, record［i]. xm, record［i]. xb);
        for（j=0; j<SUBJECT_ NUM; j++）
            printf("\ t%.2f", record［i]. score［j]);
        printf("\ t%.2f\ t%.2f\ t%d\ n", record［i]. sum, record［i]. average,
record［i]. mc);
    }
}
    //增加学生信息函数
```

```
void addrecord（void）
{
    char str［10］;
    int j;
    float sun;
    if( stunum - =0)
        printf("原来没有记录，现在建立新表 \ n");
    else
        printf(下面在当前表的末尾增加新的记录 \ n";
    while （1）
    {
        printf(您要增加新的信息 （Y/N）? \ n");
        gets （str）;
        if( str［0］== 'n' llstr［0］== 'N')
            break;,
        printf("请输入学号:");
        gets （record［stunum］. xh）;
        printf("请输入姓名:");
        gets （record［stunun］. xm）;
        printf("请输入性别:");
        gets （record［stunum］. xb）;
        sum =0;
        for （j=0; j < SUBJECT_ NUM; j++）
        {
            printf("请输入成绩:");
            scanf("% f",% record［stunum］. score［j］);
            sum = sum + record［stunum］. score［j］;
        }
        record［stunum］. sum = sum;
        record［stunum］. average = sum/SUBJECT_NUM;
        record［stunum］. mc = getmc （sum）;
        stunum ++;
        getchar （ ）; //接收最后的回车符
    }
    printf("现在一共有%d 条记录", stunum);
    savedtag =1;
}
//计算学生名次函数
int getmc （float sum）
{
    int i;
```

```
    int count = 0;
    for (i = 0; i < stunum; i++)
        if( record [i]. sum < sum)
            record [i]. mc++;
        else
            if( record [i]. sum > sum)
                count++;
    return count + 1; .
}
```

4. qrm. c 文件

(1) 删除学生信息函数

函数原型：void removerecord （void）

功能：删除指定的学生记录。

参数：void

返回值：void

要求：根据给定的关键字，查找并删除记录，同时将后面的记录前移，并且改变各记录的名次。

分析：首先找到要删除的记录，为防止误操作，应先将相关的信息显示出来以便让用户确认是否真的删除。若确定删除，令 stunum 减 1，同时将排在该记录后的所有记录前移。最后还应该修改其他记录的名次，排在删除记录前的名次保持不变，排在删除记录之后的名次值减 1。

(2) 查找指定记录函数

函数原型：int findrecord （char * target, int targettype, int from）

功能：查找指定的记录。

参数：char * target：预查找记录的关键字（学号或者姓名）

       int targettype：指明通过哪一项来查找，0 为学号，1 为姓名

       int from：从第 from 个记录开始查找。

返回值：若找到指定记录则返回其记录号，否则返回 −1。

要求：根据给定的关键字，查找符合要求的记录的记录号，找不到返回 −1。

分析：当需要查找所有符合条件的记录时，只需先执 i = findrecord （target, targettype, 0）；然后反复执行 i = findrecord （target, targettype, i + 1）；即可，这样每次找到的 i 就是符合条件的记录号。

(3) 查询学生信息函数

函数原型：void queryrecord （void）

功能：查找并显示满足条件的记录。

参数：void

返回值：void

要求：可以按学号、姓名来查询学生信息，并给出相关提示。

分析：该函数是利用 findrecord（ ）函数来查询并显示所有符合条件的记录。

（4）复制学生信息函数

函数原型：void copyrecord（STUDENT ＊str2，STUDENT ＊str1）

功能：将 str1 指向的记录复制到 str2 指向的记录中。

参数：STUDENT ＊str1：待复制的原记录；

　　　STUDENT ＊str2：目标记录。

返回值：void

要求：将原记录的内容正确复制到目标记录中。

（5）修改学生信息函数

函数原型：void modifyrecord（void）

功能：找到并修改指定学生的信息。

参数：void

返回值：void

要求：可以按学号、姓名找到要修改的记录，在确定修改后，如果修改的信息影响学生的名次，则应能更改所有学生的名次信息。

分析：对于找到的每一条记录都要显示出来让用户确认是否要修改，若确定要修改，则直接输入学生的信息，然后根据新记录中的总分来重新计算平均分和名次，并修改其他记录的相应名次。

qrm. c 文件实现代码如下：

```
#include "'student. h"
//删除指定记录函数
void removerecord（void）
{
    char str [15];
    char target [20];
    int type;
    int i, j;
    int tmpi;
    if( stunum ==0)
    {
        printf("没有可删除的记录！");
        return;
    }
    while（1）
```

```
{
    printf("请输入找到预删除记录的方式：(直接回车则结束删除)\n");
    printf("0 按学号\n");
    printf("1 按姓名\n");
    gets(str);
    if(strlen(str)==0)
        break;
    if(str[0]=='0')
    {
        printf("请输入该学生的学号:");
        gets(target);
        type=0;
    }
    else if(str[0]=='1')
    {
        printf("请输入该学生的姓名:");
        gets(target);
        type=1;
    }
    I=findrecord(target, type, 0);
    if(i==-1)
    printf"没有符合条件的记录!");
    while(i!=-1)
    {
        printf("学号\t姓名\t性别\t");
        for(j=0; j<SUBJECT_NUM; j++)
            printf("\t%s", subject[j]);
        printf("总分\t平均分\t名次\t");
        printf("%s\t%s\t%s", record[i].xh, record[i].xm, record[i].xb);
        for(j=0; j<SUBJECT_NUM; j++)
            printf("\t%.2f", record[i].score[j]);
        printf("\t%.2f\t%-2f\t%d\n", record[i].sum, record[i].aver-
age, record[i].mc);
        printf("确实要删除该学生的信息吗？(Y/N)");
        gets(str);
        if(str[0]=='y' Ilstr[0]=='Y')
        {
            stunum--;
            tmpi=record[i].mc;
            for(j=i; j<stunum; j++)
                copyrecord(&record[j], &record[j+1]); //后面记录前移
            for(j=0; j<stunum; j++)
```

```
            if( record [j]. nc > tmpi)
                record [j]. mc -- ;
        }
        i = findrecord (target, type, i + 1);
    }
    savedtag = 1;
    }
}
```
//查找指定记录函数
```
int findrecord (char * target, int targettype, int from)
{
    int i;
    for (i = from; i < stunum; i ++ )
        if(( targettype ==0&&strcmp (target, record [i]. xh) ==0) l I
            I (targettype ==1&&strcmp (target, record [i]. xm) ==0))
        return, i;
    return -1;
}
```
//查询制定学生信息函数
```
void queryrecord (void)
{
    char str [5];
    char target [20];
    int type;
    int count;
    int i, j;
    if( stunum ==0)
    {
        printf("没有可供查询的记录! ");
        return;
    }
    while (1)
    {
        printf("请输入查询的方式：（直 接回车则结束查询) \ n");
        printf("0 按学号 \ n");
        printf("1 按姓名 \ n");
        gets (str);
        if( strlen (str) ==0)
            break;
        if( str [6] == '0')
        {
            printf("请输入该学生的学号:");
```

```
            gets（target）;
            type = 0;
        }
        else if( str [0] == '1" )
        {
            printf("请输入该学生的姓名:");
            gets（target）;
            type = 1;
        }
        i = findrecord（target，type，0）;
        count = 0;
        printf("学号\t姓名\t性别\t");
        for（j = 0; j < SUBJECT_NUM; j ++ )
            printf("\t%s", subject [j]);
        printf("总分\t平均分\t名次\t");
        while（i! = -1)
        {
            count ++ ;
            printf(%s\t%s\t%s", record [i]. xh, record [i]. xm, record [i]. xb);
            for（j = 0; jKSUBJECT_NUM; j ++ )
                printf("\t%.2f"', record [i]. score [j]);
    printf("\t%.2f\t%.2f\t%d\n", record [i]. sum, record [i]. average, record
[i]. mc);
            i = findrecord（target，type，i + 1); //查找下一条记录
        }
        if( count == 0)
            printf("没有符合条件的记录!\n");
        else
            printf("共找到了%d 个符合条件的记录!\n", count);}}
    }
}

//复制学生记录函数
void copyrecord（STUDENT * str2，STUDENT * str1）
{
    int j;
    strcpy（str2 - > xh, str1 - > xh）;
    strcpy（str2 - > xm, str1 - > xm）;
    strcpy（str2 - > xb, str1 - > xb）;
    for（j = 0; j < SUBJECT_NUM; j ++ )
        str2 - > score [j] = str1 - > score [j];
    str2 - > sum = str1 - > sum;
    str2 - > average = str1 - > average;
```

```
        str2 - > mc = str1 - > mc;
}
//修改指定学生信息函数
void modifyrecord（uoid）
{
    char str［5］;
    char target［20］;
    int type;
    int i, j;
    int tmpi;
    float sum;
    int count = 0;
    if( stunum = = 0)
    {
        printf("没有可供修改的记录!");
        return;
    }
    while （1）
    {
        printf("请输入找到要修改记录的方式：（直接回车则结束修改）\ n");
        printf("0 按学号\ n");
        printf("1 按姓名\ n");
        gets （str）;
        if( strlen （str） = = 0)
            break;
        if( str［0］= = '0')
        {
            printf("请输入该学生的学号:");
            gets （target）;
            type = 0;
        }
        else if( str［0］= = '1')
        {
            printf("请输入该学生的姓名:");
            gets （target）;
            type = 1;
        }
        i = findrecord （target, type, 0）;
        if( i = = - 1)
            printf("没有符合条件的记录!");
        while （i! = - 1）
        {
```

```
            printf("学号\t姓名\t性别\t");
            for (j=0; j<SUBJECT_NUM; j++)
                printf("\t%s", subject[j]);
            printf("总分\t平均分\t名次\t");
            printf("%5\t%s\t%", record[i].xh, record[i].xm, record[i].xb);
            for (j=0; j<SUBJECT_NUM; j++)
                printf("\t%.2f", record[i].score[j]);
    printf("'\t%.2f\t%.2f\t%d\n", record[i].sum, record[i].auerage, record
[i].mc);
            printf("确实要修改该学生的信息吗？（Y/N）");
            gets(str);
            if(str[0]=='y'llstr[0]=='Y')
            {
                tmpi = record[i].mc;
                printf("请重新输入该学生的信息：\n");
                printf("请输入学号：\n");
                gets(record[i].xh);
                printf("请输入姓名：\n");
                gets(record[i]-xm);
                printf("请输入性别：\n");
                scanf("%d", &record[i].xb);
                sum=0;
                for (j=0; j<SUBJECT_NUM; j++)
                {
                    printf("请输入成绩：\n");
                    scanf("%f", &record[i].score[j]);
                    sum=sum+record[i].score[j];
                }
                record[stunum].sum.sum;
                record[stunum].auerage = sum/SUBJECT_NUM;
                for (j=0; j<stunum; j++)
                {
                    if(j==i)
                        continue;
                    if(record[j].mc>tmpi&&record[j].sum>=sum)
                        record[j].mc++;
                    else if(record[j].mc<tmpi&record[j].sum<sum)
                        record[j].mc++;
                    if(record[j].sum>sum)
                        count++;
                }
```

```
                record [i]. mc = count + 1;
                i = findrecord (target, type, i + 1);
            }
        }
        savedtag = 1;
    }
}
```

5. save_load. c 文件

（1）保存文件函数

函数原型：int saverecord （void）

功能：将记录存入默认文件（stu_information）或者指定文件中。

参数：void

返回值：保存成功返回 1，否则返回 – 1。

要求：能给出是否有记录可存、是否能正常建立或打开文件的提示信息，根据要求执行存入操作。

分析：保存信息至文件的函数是通过 fwrite 函数一次写入从 record 开始的 stunum 个 STUDENT 大小的字节。再进行记录的存储之前，应能先判断是否有可以存储的记录，若 stunum 为 0，则没有可以存储的记录，否则根据要求进行存储。可以将记录存入默认文件，也可以存入指定文件。若输入的文件名长度为 0（表示直接按了回车），则表示存入默认文件 stu_information 中，否则表示存入指定的文件中。

（2）读取文件函数

函数原型：int loadrecord （void）

功能：将默认文件 stu_information 或者指定文件中的记录读入内存。

参数：void

返回值：读取成功返回 1，否则返回 – 1。

要求：能给出是否有记录可读取、是否能正常打开文件、是否覆盖已有记录及读取记录的条数的提示信息。

分析：将该函数设计为可以连续读入文件，后面的文件可以追加到前面的记录数组之后，从而形成一个更大的文件。当对信息执行存储后，如果再执行读取，则要询问是否覆盖信息。如果要覆盖原来的记录，要先保存原记录，然后令 stunum 为 0，否则原来的 stunum 不变。在读取文件时使用 fread 函数，每次读取 STUDENT 个字节，存放在 record [stunum] 里面，并令 stunum 自加 1，如此下去，直到文件读完为止。读取文件还涉及重新排定名次的问题，需调用 getmc 函数对名次进行更新。

save_load. c 文件实现代码如下：

```
#include "student. h"
//存储文件函数
int sauerecord ( )
{
    FILE  * fp;
    char fname [30];
    if( stunum ==0)
    {
        printf("没有记录可存! ");
        return -1;
    }
    printf("请输入要存入的文件名（直接回车将文件存入默认文 stu_information）:");
    gets (fname);
    if( strlen (fname) ==0)
        strcpy (fname,"stu_ information");
    if( ( fp = fopen (fname,"wb")) - = NULL)
    {
        printf("不能存入文件! \ n");
        return -1;
    }
    printf("存文件·····n");
    fwrite (record, sizeof(STUDENT) * stunum, 1, fp);
    sauedtag =0;
    return 1;
}

//文件读取函数
int loadrecord (void)
{
    FILE  * fp;
    char fname [30];
    char str [5];
    if( stunum! =0&&sauedtag ==0)
    {
        printf("覆盖现有记录（Y），还是要将读取的记录添加到现有记录之后（N）? \ n");
        printf("直接回车则覆盖现有记录\ n");
        gets (str);
        if( str [0] == 'n' llstr [0] == 'N')
            sauedtag =1;
```

```
    else
    {
        if( sauedtag == 1 )
        {
            printf("读取文件将更改为原来的记录，是否保存原来的记录？（Y/N)");
            gets （str）;
            if( str [0] != 'n' llstr [0] != 'N')
                sauerecord （ ）;
        }
        stunum = 0;
    }
    printf("请输入要读取的文件名，直接回车选择文件 stu_ information:");
    gets （fname）;
    if( strlen （fname）==0)
        strcpy （fname,"stu_information"）;
    if（（fp = fopen （fname,"rb"）) == NULL)
    {
        printf("打不开文件，请重新选择 \ n");
        return -1;
    }
    printf(" \ n 取文件 · · · · · · \ n");
    while （! feof(fp)）
    {
        if( fread （Rrecord [stunum], sizeof(STUDENT), 1, fp)!=1)
            break;
        record [stunum]. mc = getmc （record [stunum]. sum）;
        stunumt ++;
    }
    fclose （fp）;
    printf("现在共有% 条记录。", stunum）;
    return 1;
    }
}
```

6. sort. c 文件

排序函数：

函数原型：void sortrecord （void）

功能：对记录进行排序。

参数：void

返回值：读取成功返回 1，否则返回 -1。

要求：可以按学号、姓名对学生记录进行升序或降序排序。

实现代码如下：

```c
#include "student.h"
//排序函数
void sortrecord (void)
{
    char str [5];
    int i, j;
    STUDENT tmps;
    if(stunum==0)
    {
        printf("没有可供排序的记录！");
        return;
    }
    printf("请输入排序的方式：\n");
    printf("1 按学号升序进行排序。\n");
    printf("2 按学号降序进行排序。\n");
    printf("3 按姓名升序进行排序。\n");
    printf("4 按姓名降序进行排序。\n");
    printf("5 按名次升序进行排序。\n");
    printf("6 按名次降序进行排序。\n");
    gets (str);
    if(str [0] < '1' llstr [0] > '6')
        return;
    for (i=0; i < stunum-1; i++)
        for (j=i+1; j < stunum; j++)
            if((str [0] == '1' &&strcmp (record [i].xh, record [j].xh) >0) ll
            (str [0] == '2' &&strcmp (record [i].xh, record [j].xh) <0) ll
            (str [0] == '3' &&strcmp (record [i].xm, record [j].xm) >0) ll
            (str [0] == '4' &&s trcmp (record [i].xm, record [j].xm) <0) ll
            (str [0] == '5' &&record [i].mc > record [j].mc) ll
            (str [0] == '6' &&record [i].mc < record [j].mc))
            {
                copyrecord (&tmps, &record [i]);
                copyrecord (&record [i], &record [j]);
                copyrecord (&record [j], &tmps);
            }
    printf("排序已完成！");
    savedtag=1;
}
```

附录 A 常用字符与 ASCII 代码对照表

ASCII 码	字符	ASCII 码	字符	ASCII 码	字符	ASCII 码	字符	ASCII 码	字符	ASCII 码	字符
000	NUL	022	SYN（ˆV）	044	,	066	B	088	X	110	n
001	SOH（ˆA）	023	ETB（ˆW）	045	—	067	C	089	Y	111	o
002	STX（ˆB）	024	CAN（ˆX）	046	.	068	D	090	Z	112	p
003	ETX（ˆC）	025	EM（ˆY）	047	/	069	E	091	[	113	q
004	EOT（ˆD）	026	SUB（ˆZ）	048	0	070	F	092	\	114	r
005	END（ˆE）	027	ESC	049	1	071	G	093	]	115	s
006	ACK（ˆF）	028	FS	050	2	072	H	094	^	116	t
007	BEL（bell）	029	GS	051	3	073	I	095	_	117	u
008	BS（ˆH）	030	RS	052	4	074	J	096	`	118	v
009	HT（ˆI）	031	US	053	5	075	K	097	a	119	w
010	LF（ˆJ）	032	Space	054	6	076	L	098	b	120	x
011	VT（ˆK）	033	!	055	7	077	M	099	c	121	y
012	FF（ˆL）	034	"	056	8	078	N	100	d	122	z
013	CR（ˆM）	035	#	057	9	079	O	101	e	123	{
014	SO（ˆN）	036	$	058	:	080	P	102	f	124		
015	SI（ˆO）	037	%	059	;	081	Q	103	g	125	}
016	DLE（ˆP）	038	&	060	<	082	R	104	h	126	~
017	DC1（ˆQ）	039	'	061	=	083	S	105	i	127	del
018	DC2（ˆR）	040	(	062	>	084	T	106	j		
019	DC3（ˆS）	041	)	063	?	085	U	107	k		
020	DC4（ˆT）	042	*	064	@	086	V	108	l		
021	NAK（ˆU）	043	+	065	A	087	W	109	m		

注：表中用十进制数表示 ASCII 码值。符号ˆ表示【Ctrl】键。

附录 B C 语言库函数

库函数并不是 C 语言的一部分，它是由人们根据需要编制并提供给用户使用。每一种 C 编译系统都提供了丰富的库函数，当然，不同的编译系统所提供的库函数数量和函数名及功能是不完全相同的。

ANSI C 标准提出了一批建议提供的标准库函数，它包括了目前多数 C 编译系统所提供的库函数，但也有一些是某些 C 编译系统不曾出现过的。考虑到通用性，本书列出 ANSI C 标准建议提供的、常用的部分库函数。多数 C 编译系统都可以使用这些函数的绝大部分。

由于 C 库函数种类和数目比较多，限于篇幅，本附录只从教学需要的角度列出最基本的、最常用的。读者在编制 C 程序时如果用到更多的函数，请查阅所用系统的手册。

1. 数学函数

使用数学函数时应该在该源文件中使用以下命令行：

#include < math. h > 或#include " math. h"

函数名	函数原型	功能	返回值	说明
abs	int abs (int x);	求整数 x 的绝对值	计算结果	
acos	double acos (double x);	计算 $\cos^{-1}(x)$ 的值	计算结果	x 应在 −1 到 1 范围内
asin	double asin (double x);	计算 $\sin^{-1}(x)$ 的值	计算结果	x 应在 −1 到 1 范围内
atan	double atan (double x);	计算 $\tan^{-1}(x)$ 的值	计算结果	
atan2	double atan2 (double x, double y);	计算 $\tan^{-1}(x/y)$ 的值	计算结果	
cos	double cos (double x);	计算 $\cos(x)$ 的值	计算结果	x 的单位为弧度
cosh	double cosh (double x);	计算 x 的双曲余弦 $\cosh(x)$ 的值	计算结果	
exp	double exp (double x);	求 e^x 的值	计算结果	
fabs	double fabs (double x);	求 x 的绝对值	计算结果	
floor	double floor (double x);	求出不大于 x 的最大整数	该整数的双精度实数	
fmod	double fmod (double x, double y);	求整数 x/y 的余数	返回余数的双精度数	

（续）

函数名	函数原型	功能	返回值	说明
frexp	double frexp（double val，int ＊eptr）；	把双精度数 val 分解为数字部分（尾数）x 和以 2 为底的指数 n，即 val ＝ x＊2^n，n 存放在 expr 指向的变量中	返回数字部分 x，$0.5 \leqslant x < 1$	
log	double log（double x）；	求 $\log_e x$，即 ln x	计算结果	
log10	double log10（double x）；	求 $\log_{10} x$	计算结果	
modf	double modf（double val，double ＊iptr）；	把双精度数 val 分解为整数部分和小数部分，把整数部分存放到 iptr 指向的单元	val 的小数部分	
pow	double pow（double x，double y）；	计算 x^y 的值	计算结果	
rand	int rank（void）；	产生 −90 到 32767 间的随机整数	随机整数	
sin	double sin（double x）；	计算 sin（x）的值	计算结果	x 的单位为弧度
sinh	double sinh（double x）；	计算 x 的双曲正弦函数 sinh（x）的值	计算结果	
sqrt	double sqrt（double x）；	计算 $\sqrt{x}$	计算结果	x 应 $\geqslant 0$
tan	double tan（double x）；	计算 tan（x）的值	计算结果	x 的单位为弧度
tanh	double tanh（double x）；	计算 x 的双曲正切函数 tanh（x）的值	计算结果	

2. 字符函数和字符串函数

ANSI C 标准要求在使用字符串函数时要包含头文件"string. h"，在使用字符函数时要包含头文件"ctype. h"。有些 C 编译不遵循 ANSI C 标准的规定，而用其他名称的头文件。请使用时查有关手册。

函数名	函数原型	功能	返回值	包含文件
isalnum	int isalnum（int ch）；	检查 ch 是否是字母（alpha）或数字（numeric）	是字母或数字返回 1；否则返回 0	ctype. h
isalpha	int isalpha（int ch）；	检查 ch 是否是字母	是，返回 1；不是，则返回 0	ctype. h

（续）

函数名	函数原型	功能	返回值	包含文件
iscntrl	int iscntrl（int ch）；	检查 ch 是否是控制字符（其 ASCII 码在 0 和 0x1F 之间）	是，返回 1；不是，返回 0	ctype. h
isdigit	int isdigit（int ch）；	检查 ch 是否是数字（0~9）	是，返回 1；不是，返回 0	ctype. h
isgraph	int isgraph（int ch）；	检查 ch 是否是可打印字符（其 ASCII 码在 0x21 到 0x7E 之间），不包括空格	是，返回 1；不是，返回 0	ctype. h
islower	int islower（int ch）；	检查 ch 是否是小写字母（a~z）	是，返回 1；不是，返回 0	ctype. h
isprint	int isprint（int ch）；	检查 ch 是否是可打印字符（包括空格），其 ASCII 码在 0x20 到 0x7E 之间	是，返回 1；不是，返回 0	ctype. h
ispunct	int ispunct（int ch）；	检查 ch 是否是标点字符（不包括空格），即除字母、数字和空格以外的所有可打印字符	是，返回 1；不是，返回 0	ctype. h
isspace	int isspace（int ch）；	检查 ch 是否是空格、跳格符（制表符）或换行符	是，返回 1；不是，返回 0	ctype. h
isupper	int isupper（int ch）；	检查 ch 是否是大写字母（A~Z）	是，返回 1；不是，返回 0	ctype. h
isxdigit	int isxdigit（int ch）；	检查 ch 是否是一个十六进制数字字符（即 0~9，或 A 到 F，或 a~f）	是，返回 1；不是，返回 0	ctype. h
strcat	char * strcat（char * str1，char * str2）；	把字符串 str2 接到 str1 后面，str1 最后面的 '\0' 被取消	str1	string. h
strchar	char * strchr（char * str，int ch）；	找出 str 指向的字符串中第一次出现字符 ch 的位置	返回指向该位置的指针，如找不到，则返回空指针	string. h
strcmp	int strcmp（char * str1，char * str2）；	比较两个字符串 str1、str2	str1 < str2，返回负数；str1 = str2，返回 0；str1 > str2，返回正数	string. h
strcpy	char * strcpy（char * str1，char * str2）；	把 str2 指向的字符串复制到 str1 中	返回 str1	string. h
strlen	unsigned int strlen（char * str）；	统计字符串 str 中字符的个数（不包括终止符 '\0'）	返回字符个数	string. h

（续）

函数名	函数原型	功能	返回值	包含文件
strstr	char * strstr （char * str1，char str2）;	找出 str2 字符串在 str1 字符串中第一次出现的位置（不包括 str2 的串结束符）	返回该位置的指针，如找不到，返回空指针	string. h
tolower	int tolower （int ch）;	将 ch 字符转换为小写字母	返回 ch 所代表的字符的小写字母	stype. h
toupper	int toupprr （int ch）;	将 ch 字符转换为大写字母	与 ch 相应的大写字母	stype. h

3. 输入输出函数

凡用以下的输入输出函数，应该使用#include < stdio. h > 把 stdio. h 头文件包含到源程序文件中。

函数名	函数原型	功能	返回值	说明
clearerr	void clearerr （FILE * fp）;	使 fp 所指文件的错误标志和文件结束标志置 0	无	
close	int close （int fp）;	关闭文件	关闭成功返回 0；不成功，返回 -1	非 ANSI 标准
creat	int creat （char * filename，int mode）;	以 mode 所指定的方式建立文件	成功则返回正数，否则返回 -1	非 ANSI 标准
eof	int eof(int fd);	检查文件是否结束	遇文件结束返回 1；否则返回 0	非 ANSI 标准
fclose	int close （FILE * fp）;	关闭 fp 所指的文件，释放文件缓冲区	有错则返回非 0；否则返回 0	
feof	int feof(FILE * fp);	检查文件是否结束	遇文件结束符返回非 0 值；否则返回 0	
fgetc	int fgetc （FILE * fp）;	从 fp 所指定的文件中取得下一个字符	返回都取得的字符，若读入出错，返回 EOF	
fgets	char * fgets （char * buf，int n，FILE * fp）;	从 fp 指向的文件读取一个长度为（n -1）的字符串，存入起始地址为 buf 的空间	返回地址 buf；若遇文件结束或出错，返回 NULL	
fopen	FILE * fopen （char * filename，char * mode）;	以 mode 指定的方式打开名为 filename 的文件	成功，返回一个文件指针（文件信息区的起始地址）；否则返回 0	

(续)

函数名	函数原型	功能	返回值	说明
fprintf	int fprintf（FILE * fp, char format, args, …）;	把 args 的值以 format 指定的格式输出到 fp 所指定的文件中	实际输出的字符数	
fputc	int fputc（char * str, FILE * fp）;	将字符 ch 输出到 fp 指向的文件中	成功，则返回该字符；否则返回非 0	
fputs	int fputs（char * str, FILE * fp）;	将 str 指向的字符串输出到 fp 所指定的文件	成功返回 0；若出错返回非 0	
fread	int fread（char * pt, unsigned size, unsigned n, FILE * fp）;	从 fp 所指定的文件中读取长度为 size 的 n 个数据项，存到 pt 所指向的内存区	返回所读的数据项个数，如遇文件结束或出错返回 0	
fscanf	int fscanf（FILE * fp, char format, args, …）;	从 fp 指定的文件中按 format 给定的格式将输入数据送到 args 所指向的内存单元（args 是指针）	已输入的数据个数	
fseek	int fseek（FILE * fp, long offset, int base）;	将 fp 所指向的文件的位置指针移到以 base 所给出的位置为基准、以 offset 为位移量的位置	返回当前位置；否则，返回 -1	
ftell	long ftell（FILE * fp）;	返回 fp 所指向的文件中的读写位置	返回 fp 所指向的文件中的读写位置	
fwrite	int fwrite（char * ptr, unsigned size, unsigned n, FILE * fp）;	把 ptr 所指向的 n * size 个字节输出到 fp 所指向的文件中	写的 fp 文件中的数据项个数	
getc	int getc（FILE * fp）;	从 fp 所指向的文件中读入一个字符	返回所读的字符，若文件结束或出错，返回 EOF	
getchar	int getchar（void）;	从标准输入设备读取下一个字符	所读字符。若文件结束或出错，则返回 -1	
getw	int getw（FILE * fp）;	从 fp 所指向的文件读取下一个字（整数）	输入的整数。如文件结束或出错，返回 -1	非 ANSI 标准函数
open	int open（char * filename, int mode）;	以 mode 指出的方式打开已存在的名为 filename 的文件	返回文件号（正数）；如打开失败，返回 -1	非 ANSI 标准函数

（续）

函数名	函数原型	功能	返回值	说明
printf	int printf(char * format, args, …);	以 format 指向的格式字符串所规定的格式，将输出表列 args 的值输出到标准输出设备	输出字符的个数，若出错，返回负数	format 可以是一个字符串，或字符串数组的起始地址
putc	int putc（int ch, FILE * fp）;	把一个字符 ch 输出到 fp 所指的文件中	输出的字符 ch，若出错，返回 EOF	
putchar	int putchar（char ch）;	把字符 ch 输出到标准输出设备	输出的字符 ch，若出错，返回 EOF	
puts	int puts（char * str）;	把 str 指向的字符串输出到标准输出设备，将 '\0' 转换为回车换行	返回换行符，若失败，返回 EOF	
putw	int putw（int w, FILE * fp）;	将一个整数 w（即一个字）写到 fp 指向的文件中	返回输出的整数，若出错，返回 EOF	非 ANSI 标准函数
read	int read（int fd, char * buf, unsigned count）;	从文件号 fp 所指示的文件中读 count 个字节到由 buf 指示的缓冲区中	返回真正读入的字节个数，如遇文件结束返回 0，出错返回 −1	非 ANSI 标准函数
rename	int rename（char * old-name, char * newname）;	把由 oldname 所指的文件名，改为由 newname 所指的文件名	成功返回 0；出错返回 −1	
rewind	void rewind（FILE * fp）;	将 fp 指示的文件中的位置指针置于文件开头位置，并清除文件结束标志和错误标志	无	
scanf	int scanf(char * format, args, …);	从标准输入设备按 format 指向的格式字符串所规定的格式，输入数据给 args 所指向的单元	读入并赋给 args 的个数，遇文件结束返回 EOF，出错返回 0	args 为指针
write	int write（int fd, char * buf, unsigned count）;	从 buf 指示的缓冲区输出 count 个字符到 fd 所标志的文件中	返回实际输出的字节数，如出错返回 −1	非 ANSI 标准函数

4. 动态存储分配函数

ANSI 标准建议设 4 个有关的动态存储分配的函数，即 calloc（ ）、malloc（ ）、free（ ）、realloc（ ）。实际上，许多 C 编译系统实现时，往往增加了一些其他函数。ANSI 标准建议在 "stdlib. h" 头文件中包含有关的信息,但许多 C 编译系统要求用 "malloc. h" 而不是 "stdlib. h"。读者在使用时应查阅有关手册。

ANSI 标准要求动态分配系统返回 void 指针。void 指针具有一般性,它们可以指向任何类型的数据。但目前有的 C 编译所提供的这类函数返回 char 指针。无论以上两种情况的哪一种,都需要用强制类型转换的方法把 void 或 char 指针转换成所需的类型。

函数名	函数原型	功能	返回值
calloc	void * calloc (unsigned n, unsign size);	分配 n 个数据项的内存连续空间,每个数据项的大小为 size	分配内存单元的起始地址,如不成功,返回 0
free	void free (void * p);	释放 p 所指的内存区	无
malloc	void * malloc (unsigned size);	分配 size 字节的存储区	所分配的内存区起始地址,如内存不够,返回 0
realloc	void * realloc (void * p, unsigned size);	将 p 所指出的已分配内存区的大小改为 size, size 可以比原来分配的空间大或小	返回指向该内存区的指针

附录 C　C 语言的关键字

auto	break	case	char	const
continue	default	do	double	else
enum	extern	float	for	goto
if	int	long	register	return
short	signed	sizeof	static	struct
switch	typedef	union	unsigned	void
volatile	while			

附录 D　转义字符

转义字符（字符）	ASCII 值	意义说明
\ n　　　（LF）NL	10	换行符
\ t　　　（tab）	9	水平制表符
\ v　　　（VT）	11	垂直制表符
\ b　　　（BS）	8	退格符
\ r　　　（CR）	13	回车符
\ f　　　（FF）	12	换页符
\ \　　　　\	92	反斜线符
\ '　　　（'）	39	单引号符
\ "　　　（"）	34	双引号符
\ 0　　　（NULL）	0	空字符
\ a　　　（BELL）	7	响铃
\ ddd		1 至 3 位八进制数所代表的字符
\ xhh		1 至 2 位十六进制数所代表的字符

附录E 运算符和结合性

优先级	运算符	含义	要求运算对象的个数	结合方向
1	( ) [ ] - > .	圆括号 下表运算符 指向结构体成员运算符 结构体成员运算符		自左至右
2	! ~ ++ -- - (类型) * & sizeof	逻辑非运算符 按位取反运算符 自增运算符 自减运算符 负号运算符 类型转换运算符 指针运算符 取地址运算符 长度运算符	1 (单目运算符)	自右至左
3	* / %	乘法运算符 除法运算符 求余运算符	2 (双目运算符)	自左至右
4	+ -	加法运算符 减法运算符	2 (双目运算符)	自左至右
5	< < > >	左移运算符 右移运算符	2 (双目运算符)	自左至右
6	< <= > >=	关系运算符	2 (双目运算符)	自左至右
7	== !=	等于运算符 不等于运算符	2 (双目运算符)	自左至右
8	&	按位与运算符	2 (双目运算符)	自左至右
9	^	按位异或运算符	2 (双目运算符)	自左至右
10	|	按位或运算符	2 (双目运算符)	自左至右

（续）

优先级	运算符	含义	要求运算对象的个数	结合方向
11	&&	逻辑与运算符	2 （双目运算符）	自左至右
12	‖	逻辑或运算符	2 （双目运算符）	自左至右
13	? :	条件运算符	3 （三目运算符）	自右至左
14	= += -= *= /= %= > >= < <= &= ^= | =	赋值运算符	2 （双目运算符）	自右至左
15	,	逗号运算符 （顺序求值运算符）		自左至右